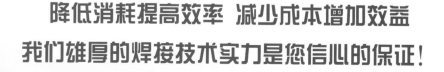

承德荣茂铸钢有限公司
CHENG DE RONG MAO STEEL CO.,LTD

董事长、总经理：王景荣

承德荣茂铸钢有限公司，坐落于河北省承德市宽城县峪耳崖镇小新甸村，位于宽城县东南部，距万里长城五公里，平青公路和承秦出海路在这里交汇。发源于宽城县都山河流——长河，从公司前穿流而过。这里交通便捷、山清水秀、气候宜人。

承德荣茂铸钢有限公司始建于20世纪80年代，2003年进行扩建后，成为专业生产奥贝魔球、高锰铸件、高合金锤头、球磨机衬板、各种型号鄂式破碎机齿板、锤式破碎机内护衬、蓖条、复合式高铬合金锤头等各种高锰钢铸件的大型铸造企业。到2002年，公司有员工400人，其中技术管理人员80人，中高级职称人员30人，厂区占地面积110亩，固定资产2亿元，年生产产品8万吨，年销售额6亿元，成为铸造行业的龙头企业。

多年来，公司从管理着手，狠抓产品质量，使公司产品深受用户欢迎。公司2009年注册了"荣茂"牌商标，同年顺利通过了"1SO9001"国家标准质量管理体系和"1SO14001"国家环境体系标准认证；2011年被中国铸造协会评为"中国铸造行业千家重点骨干企业"；被承德市安全生产监督管理局颁发"安全生产标准化三级企业（机械）"证书；2012年"荣茂"牌产品被河北省评为中小企业名牌产品，公司生产的奥贝魔球获得国家专利(ZL 2014 2 0004091.1、ZL 2014 2 0004471.5、ZL 2014 2 0004474.9、ZL 2014 2 0006961.9、ZL 2014 2 0004095.X、ZL 2014 2 0004796.3、ZL 2014 2 0004010.8、ZL 2014 2 0004797.8、ZL 2014 2 0004152.4、ZL 2014 2 0004093.0)，荣获"河北省科学技术成果"证书，获得河北省科技成果二等奖。企业的发展和对社会的贡献深受县委政府的肯定。公司自2009年连续被县政府评为"先进企业"和"明星企业"，连续10年被省、市、县评为"重合同守信誉"先进单位。

创新工艺 恪守信用 竭诚服务 质量为生命 服务为根本

荣誉 HONOUR

奥贝磨球

　　奥贝磨球是目前市场应用的普通低铬磨球、高铬磨球和各种铸造磨球的升级换代产品。它具有硬度高、耐磨性好、外硬内韧、不破碎、外形规整、相对密度轻、节能等特点。这种钢球规格分为φ60㎜、φ80㎜、φ100㎜、φ120㎜、φ130㎜，特别是φ150㎜的大规格磨球产量为5万吨／年，奥贝磨球可广泛用于水泥、冶金、矿山、电力磨煤等行业。

　　奥贝磨球与其他品牌磨球相比具有性价比高的特点，明显提高球磨机的使用寿命及研磨效率，大大降低了生产过程中磨球的球耗成本。广大用户的使用结果表明：我公司生产的奥贝磨球使用寿命是普通低铬磨球的2.5～3倍，是高铬磨球的1.3～2.5倍，是铸造磨球的2倍。根据客户使用情况测算，可为水泥企业降低磨球的球耗成本20%～30%。

双金属合金锤头

　　双金属合金锤头是我公司开发的一种高性能的锤头。该产品的锤头采用了高韧性的中碳低合金锤头和耐磨性能好的高铬多元合金两种材质复合到一起的合金锤头。此锤头寿命是高锰钢锤头的2～5倍，为用户创造了可观的经济效益和社会效益。双金属合金锤头具有锤柄韧性好、不断裂、锤头硬度高（铬氏硬度HRC65-67度）、耐磨性能好、使用寿命长等优点。该产品主要适应用于水泥行业及矿山、砂石厂的锤式破碎机。

　　双金属合金锤头先进的生产工艺，优良的产品性能，将为您带来可观的经济效益。

高锰钢球磨机衬板

　　高锰钢衬板是用来保护球磨机筒体，使球磨机筒体免受磨球和物料直接冲击摩擦，同时也利用不同形式的高锰钢衬板来调整研磨体的运动状态，以增强对物料研磨的粉碎作用，有助于提高球磨机的粉磨效率，增加单位产量，降低金属消耗。产品主要用于水泥、冶金、电力、磨煤等行业。

　　高锰钢球磨机衬板具有高耐磨、耐冲击、高强度、高韧性、高性价比、适应性能强等特点，是磨机衬板的首选。

车间一角　　　　　厂区一角

化验室

承德荣茂铸钢有限公司

CHENG DE RONG MAO STEEL CO.,LTD

地　　址：河北省宽城县峪耳崖镇小新甸村（承秦公路边）
手　　机：13931406760
电　　话：0314-6910158
传　　真：0314-6910258
生产部：13832457566
销售部：13832495151
销售热线：400-6124-188（免费）
网　　站：http://www.cdrongmao.com
邮　　箱：cdrongmao@vip.sina.com
邮　　编：067000

嘉克—耐磨堆焊先行者
The Forthgoer of Hardfacing

嘉克耐磨堆焊技术

—— 低成本 长寿命 经济有效

北京嘉克新兴科技有限公司是在硬面堆焊领域处于国际先进地位的专业化生产型企业，在北京顺义、昌平、河北固安、河南禹州、湖南株洲、新疆乌鲁木齐、广西南宁、四川眉山、吉林长春、甘肃兰州等地拥有多个生产基地，业务主要涵盖耐磨件堆焊再制造、堆焊复合新品制造、耐磨焊丝生产、自动堆焊设备制造、自动焊接设备制造和焊接机器人系统集成等，耐磨堆焊产能位居世界前列。

- ◎ 拥有超过3万平方米的车间85套磨辊/盘瓦自动离线堆焊设备、106套在线堆焊设备

- ◎ 焊丝生产线可年产7个系列 二十 多个品种的耐磨堆焊药芯焊丝4000多吨

- ◎ 能提供 三十 多个品种的用于磨辊/盘、轧辊、管筒内壁、带极、耐磨板等的自动堆焊和焊接设备。

- ◎ 为超过1500家水泥厂、火电厂、钢铁厂提供了在线堆焊、离线堆焊再制造服务和自动堆焊设备、耐磨焊丝、堆焊复合磨辊/盘瓦，受到广泛好评。

- ◎ 对Atox（史密斯）、Polysius（伯力休斯）、LM（莱歇）、UBE（宇部）、MPS（非凡）等公司磨辊/盘瓦以及HRM（合肥院）、TRM（天津院）、LGM（中信重工）、MLS/MPF（沈重）、ZGM（北京电力设备总厂）、HP/ RP（上重）、CLM（长城重机）等型号磨机磨辊/盘瓦均可实现在线或离线堆焊再制造。

- ◎ 由博士、硕士、高级工程师等专业技术人员组成的研发队伍已获得项国家专利（ZL 03109054.0、ZL 200510001697.5、ZL 03244456.7、ZL 0320 6256.7、ZL 200910081505.4）。

- ◎ 《水泥工业用耐磨件堆焊通用技术条件》《燃煤电厂磨煤机耐磨件技术条件》《耐磨管道技术条件》及《磨煤机耐磨件堆焊技术条件》标准制订者。

- ◎ 提供国际焊接工程师、国际焊工、国际焊接专业人员、国际焊接技师、国际焊接检测人员和焊接设计者培训及取证服务。

北京嘉克昌平生产基地

北京嘉克离线堆焊车间

北京嘉克耐磨堆焊药芯焊丝生产线

磨煤机磨辊在线堆焊中

磨辊/盘瓦自动明弧离线堆焊机

耐磨板自动明弧堆焊机

破碎机衬板堆焊

辊压机挤压辊堆焊

北京嘉克新兴科技有限公司

地址：北京市海淀区清华大学基础工业训练中心　　（100084）
电话：010-62791907 62791895
传真：010-62781265
免费服务热线：400-888-3180
E-mail：arcsale@126.com，jiake3@126.com
网址：www.arceq.com

无锡帝宝应用材料高科技有限公司

中美合资企业无锡帝宝应用材料高科技有限公司，坐落在无锡空港产业园区新宅路3号，靠近无锡硕放国际机场，临近上海，交通便捷。公司拥有国外先进的配方与成熟的生产技术，主要产品有药芯焊丝和电弧喷涂焊丝，适用高磨损、高腐蚀的环境，生产的优质耐磨和耐腐蚀焊接材料广泛应用于油田钻井、水泥、炼钢、采矿、农业、汽车、水力、煤和发电等众多行业。公司技术团队对各行业用户有深刻的理解和应用经验。为了满足不同用户的期望，公司生产的焊丝具有不同的线径来满足不同的焊接需要，同时提供相关行业的技术服务。

公司研发实力雄厚，被评为"530"计划B类项目，且获得了ISO9001的认证。为了提供更规范更完善的优质产品和严格的企业管理，无锡帝宝严格按照ISO9001：2008质量管理体系运作，公司成立了化学实验室和焊接试验室，配备碳硫分析仪、光谱仪等分析仪器，向客户提供更可靠更专业的品质保证。

公司具有良好的国际贸易网络关系，已与智利、加拿大、巴西、印度、泰国、韩国等多个国家企业开展贸易，产品质量得到客户的肯定。同时，公司加强与国际企业的合作，共同开发新产品，目前已与美国SCOPERTA公司、UC SANDIEGO共同开发油田高温高压耐磨焊接材料。最新研发的领域成果为高结合力纳米与非晶喷涂材料和高温耐磨材料，并申请了美国和中国的专利。

修复前

面对新的时代，帝宝公司秉承超越客户期望的坚定理念，全力打造一个以技术创新为中心，用户向导为发展方向的全球化高科技企业。公司的目标是制造更好的焊接材料，精益求精的制造品质和用户满意的使用效果是衡量产品的标准。公司产品的完美品质来自于精湛的技术和先进的制造工艺。为了确保产品的稳定性，我们引进了先进的生产设备，为产品品质提供了强有力的保障，规范化的生产管理体系，也确保了公司的生产加工实力。

无锡帝宝应用材料高科技有限公司将始终致力于开发、制造并销售最可靠的焊接材料，帮助用户及合作伙伴取得成功。公司的发展与时俱进，开拓创新，坚持不懈地优化质量管理体系，以保证产品的先进性和质量的稳定性。公司竭诚为广大用户提供可靠的产品和服务。

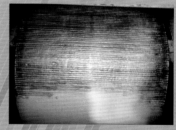

使用8000h后

无锡帝宝应用材料高科技有限公司

地址：无锡市新区硕放工业园新宅路3号

联系方式：0510-85303188　邮箱：sales@dibaoco.com

江西铜业集团（德兴）铸造有限公司
(DEXING) FOUNDRY CO., LTD OF JIANGXI COPPER CORPORATION

　　江西铜业集团（德兴）铸造有限公司是江西铜业集团股份有限公司德兴铜矿所属由德兴铜矿托管的独立法人单位，是一家专业从事机械制造的生产经营企业。公司始创于1960年，地处皖、浙、赣三省交界的江西省德兴市境内，与中国文化生态旅游示范县——婺源县相邻；地理环境优美，交通十分便利，紧靠景婺常、德昌、上德高速公路，并与320国道、梨温高速、京福高铁相通。公司历经五十余年的建设发展，尤其是1994年转换机制、自主经营十七年来的发展，企业规模不断扩大，技术装备不断提升，研发能力持续增强，现已具备年生产铸球4万吨、锻球1万吨、铸件1万吨的能力。

　　公司拥有铁型覆砂磨球机械化生产线及"V"法造型、树脂砂造型、华铸CAE为代表的先进铸造工艺技术，具备矿山大型设备维修、金属切削加工和大型金属结构件制作能力，已形成较完整的机械制造工艺体系，涵盖了铸、锻、铆焊、金加工及设备整机制作、机电安装与维修等机加工的所有工艺。

　　公司产品主要生产矿山、冶炼、化工等行业用各类耐磨件与设备备件，主要产品有各种规格的钢球、齿板、电铲铲齿、球磨机衬板、浮选机、重筛等。产品远销比利时、韩国、巴基斯坦、菲律宾等国际市场。其中，耐磨铸件产品与铸球已成为公司的主导产品，约占公司产品的四分之三。公司是江西省内实力较强的集科研、生产、经营于一体的大中型机械铸造企业，现为中国铸造协会耐磨分会副会长单位、江西省铸造协会副理事长单位、江西省A类纳税信用企业。

　　公司拥有资产总额2.03亿元；现有员工一千余人，各类专业技术、经营管理人员135人，中高级技术人员46人；下设1个子公司和7个分公司（厂），即（余干）锻铸有限公司和机电安装维修分公司、铸球厂、铸件厂、结构件厂、金工厂、标准件厂、综合服务部。

35m² 电铲铲齿	45R钻杆与稳杆器	D375推土机刀角刀片	16.8m³ 电铲履带板	16.8m³ 电铲驱动轮
锻钢球	铸造磨球	球磨衬板	半自磨系统	大型球磨机生产车间
耐酸管	钢节点	渣浆泵（叶轮、外壳）	铋锅	电机轴承座

产品介绍

　　本公司生产工业用耐磨件及采选设备备件，主要有各种规格的铸球、锻球；各类球磨机和破碎机用衬板、锤头；电铲铲齿；履带板；系列耐酸管；矿车、浮选机等整机制作。

地址：江西省德兴市泗洲镇　　邮编：334224　　联系人：麻日来　联系人手机：13607931881
邮箱：905134463@qq.com　　传真：0793-7700166（综合办公室）

辽宁华士科技发展有限公司
LIAONING HUASHI KEJI FAZHAN YOUXIAN GONGSI

辽宁华士科技发展有限公司是集研发、制造及商贸于一体的科技型民营企业。公司以服务采矿、选矿为主，专业生产各种耐磨衬板、锤头、钢球、钢锻以及矿山专用机械，是中国铸造行业千家重点骨干企业，是中国铸件行业标准制定单位。

公司占地面积13万平方米，建筑面积76770平方米，资产总值8亿元，年生产能力35万吨。公司拥有10吨电弧炉1台，20吨精炼炉1台，3吨中频炉4台，锻轧球生产线16条，其中一条投资6600万元引进德国全自动锻轧钢球生产线，是国内最先进的也是唯一一条全自动生产线。公司拥有热处理电窑19座，立式车床12台，卧式车床7台。检测设备有德国进口的光谱仪、光学显微镜、万能材料试验机、冲击试验机、磨损试验机、10米落球试验机2台、洛式硬度计等一流试验检测设备。

公司产品研发中心，先后与北京科技大学、河北工业大学、辽宁科技大学、胡正寰院士团队、葛昌纯院士团队等国内外院校及专家建立了产学研合作关系，并以此为依托，建立了"院士工作站""院士成果转化基地"、公司拥有二十余项核心专利技术和科研成果。公司还与美国、德国等铸造专家合作，建立海外研发团队，保证企业产品研发及创新具有原创性与可持续性。

产品介绍

| 磁性衬板 | 颚式破碎机衬板 | 圆锥破碎机衬板 | 更换衬板用机械人 | 耐磨钢球 |

工艺装备

| 10吨电弧炉 | 20吨LF精炼炉 | 机加设备 | 台车电阻炉 | 台车燃气炉 | 一拖二3吨感应炉 |

检测仪器

| 德国进口光谱仪 | 高频红外碳硫分析仪 | 微机数显自动分析仪 | 光学显微镜 | 洛式硬度计 |

地址：中国辽宁省鞍山市经济开发区通海大道阀门大厦
电话：0086-412-8804558　　传真：0086-412-8804522
邮箱：lilian19900228@126.com　　网站：www.aixinhuake.com

地 址：哈尔滨市香坊区向阳乡工业园区
联 系 人：高臣 联系电话：13904803651
电 话：0451-87848746 传 真：0451-87848745
客服QQ：844583782 邮 箱：gaochen1963@sina.com
网 址：www.hrbgaoxin.com

哈尔滨高鑫耐磨材料有限公司是一家专业从事耐磨材料研发、生产、销售和技术服务的高新技术企业，目前已发展成为黑龙江省内领先的耐磨材料及装备生产企业。公司主要生产高（低）铬球（段）、多元合金钢铸球（矿山专用）、轧球（段）、耐热钢及耐磨衬板、锤头等不同系列耐磨产品；轧球机、铁模覆砂铸造生产线等装备，为水泥、矿山、热电等行业提供优质耐磨材料；同时为耐磨材料生产企业提供先进装备及技术服务，特别是我公司研制的轧球机生产线，已经在山东、河北等地投入使用。利用轧球机加工磨段是我公司新近开发的一项专用技术，正在推广应用，受到耐磨材料生产企业青睐。

轧制磨球的生产方式，以钢厂标准棒材为原材料，经中频感应加热，通过轧机轧辊轧辗而成型，利用余热淬火处理，效率高，无污染，用工少，生产费用低，产品质量稳定，是目前中小型钢球生产的最佳方式，也是中小型企业一个比较理想的选择方式。

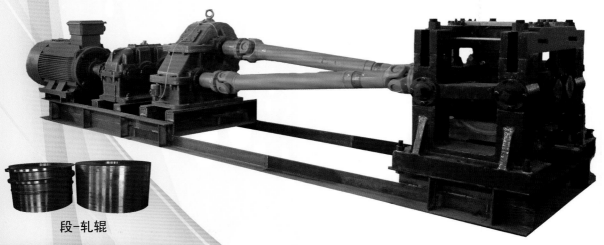

段-轧辊

机型	适合规格	电机功率	中频功率配备	生产效率
ZQJD30	Φ20Φ25Φ30	37～45kW	250kW	95个/min, 0.63t/h
ZQJD40	Φ30Φ40	75～90kW	500kW	80个/min, 1.3t/h
ZQJD60	Φ50Φ60	135～160kW	1200kW	60个/min, 3.2t/h
ZQJD80	Φ70Φ80	220～240kW	1800kW	55个/min, 7.3t/h

球-轧辊

高性价比水泥生产用耐磨材料应用手册

（2013—2014 版）

中国建材机械工业协会耐磨材料与抗磨技术分会
中国机械工程学会磨损失效分析及抗磨技术专业委员会
中国铸造协会耐磨材料与铸件分会　组编
新世纪水泥导报杂志社
中国建材工业出版社

周平安　主编

中国建材工业出版社

图书在版编目（CIP）数据

高性价比水泥生产用耐磨材料应用手册/周平安主编. —北京：中国建材工业出版社，2014.10
ISBN 978-7- 5160-0982-6

Ⅰ. ①高… Ⅱ. ①周… Ⅲ. ①水泥-生产工艺-耐磨材料-技术手册 Ⅳ. ①TQ172.6-62

中国版本图书馆 CIP 数据核字（2014）第 229179 号

内 容 简 介

本书提出如何来选择和评定"高性价比"耐磨材料及其产品的标准和依据，同时大力宣扬和强调水泥装备采用高新技术和高性价比耐磨技术和产品的理念和必要性，使企业了解正确选择高性价比产品对水泥企业带来的好处，了解如何选择高性价比产品的方法和途径，同时推荐当前在耐磨材料领域开发的新技术、新产品，公正客观地向用户介绍在行业中有较高信誉度的企业及其产品。

高性价比水泥生产用耐磨材料应用手册

周平安 主编

出版发行：中国建材工业出版社
地 址：北京市海淀区三里河路 1 号
邮 编：100044
经 销：全国各地新华书店
印 刷：北京雁林吉兆印刷有限公司
开 本：787mm×1092mm 1/16
印 张：13.5
字 数：240 千字
版 次：2014 年 10 月第 1 版
印 次：2014 年 10 月第 1 次
定 价：**76.80 元**

本社网址：www.jccbs.com.cn 微信公众号：zgjcgycbs
本书如出现印装质量问题，由我社发行部负责调换。联系电话：(010) 88386906
广告经营许可证号：京西工商广字第 8143 号

作 者 简 历

　　周平安，男，1937 年出生，教授级高级工程师，中国共产党员，1961 年本科毕业于清华大学机械制造系铸造专业，1965 年研究生毕业于清华大学冶金系铸造专业（铸造合金）。曾就职于洛阳第一拖拉机厂，任技术科长和冶金处主任，1977 年后就职于中国农机研究院，工艺所总工程师、磨损室主任。

　　1993 年曾任职安徽省宁国耐磨材料总厂副厂长兼总工程师，1995 年任北京市人民政府第三、四届技术顾问团技术顾问，湖北省仙桃市人民政府高级经济技术顾问。学术任职有中国机械工程学会磨损失效分析与抗磨技术专业委员会名誉主任委员、中国建材机械工业协会耐磨材料与抗磨技术分会主任委员、中国铸造协会顾问、比利时马科托集团（苏州分公司）顾问等。

本书主编周平安和中国水泥协会名誉会长雷前治合影

序

　　我已在家休闲多时，对引进的新技术、新信息知之甚少，也基本不参加社会活动，但周平安教授却为我作了表率，虽也退休闲赋在家，但他仍没有闲下来，为我们水泥行业做了突出的贡献。周平安教授毕业于清华大学，是机械铸造专业的资深学者，自毕业之后就投身于机械铸造业，默默耕耘近半个世纪。几十年来，周教授一直把先进的材料、工艺和技术介绍给水泥行业，为企业的节能降耗、转型升级付出了很多努力，而他和水泥行业也有着非常深厚的感情。他勤勉敬业，严谨治学，工作之余不忘著书立说。这次他诚挚邀请我为他的新书《高性价比水泥生产用耐磨材料应用手册》（以下简称"手册"）作序，作为他多年的老朋友，盛情难却，实难推辞，破例为之。

　　"高性价比"是优质优价和物有所值的概念，就是要倡导水泥企业从长远利益和实际效果出发，从衡量装备运行系统的受益情况来制备。有些企业急功近利，在选购产品时，不求质量最好，只求价格最低。但"人无远虑，必有近忧"，一味追求低价带来的后患，最终损害的还是企业自身的利益，而使用质量好、更节能的产品，从长远来看最终会节省企业的成本。2013年，我国水泥熟料研磨消耗了50万吨耐磨材料，量可谓巨大。要想把这个数字降下来，就要选择耐磨性好、寿命更长的耐磨材料，这不仅利于企业自身节省成本，还会促进整个行业的节能降耗。在水泥工业转型升级的关键时刻，中国建材工业出版社提出"高性价比"的理念，并出版相关图书呼吁水泥企业选择质量高、更节能的产品，我认为是非常及时和必要的。

　　《手册》集结三个行业学会的权威专家，提出选择"高性价比"耐磨材料的标准和依据，并对当前耐磨材料领域先进的技术和产品进行公正客观的推荐，同时让企业了解正确选择高性价比产品带来的好处。看到这本书是由中国建材工业协会耐磨材料与抗磨技术分会、中国机械工程学会磨损失效分析及抗磨技术专业委员会和中国铸造协会耐磨铸件分会联合编写，看到这么多行业专家在水泥工业领域潜心研究，并参与图书创作，可知这本书的质量和水平有了保障。我相信这本书会及时有效地为水泥行业耐磨材料的选择提供权威、公正的参考。感谢周平安教授和这些专家为推动我国水泥工业科技进步所付出的辛苦和努力，也借此感谢中国建材工业出版社为水泥行业发展做出的贡献。

　　愿这本书的出版能够更好地助力中国水泥工业的转型与创新。

编 者 的 话

  由中国机械工程学会磨损失效分析及抗磨技术专业委员会、中国铸造协会耐磨材料与铸件分会和中国建材工业协会耐磨材料与抗磨技术分会联合组编，由我负责主编的《高性价比水泥生产用耐磨材料应用手册》（2013—2014 版）正式出版问世了。本书的选题策划由中国建材工业出版社提出，得到了三大专业协（学）会的积极响应。经过充分调研，形成了编写大纲和编写计划。编写本手册的目的是要大力宣扬和强调水泥装备采用高新技术和高性价比的耐磨技术和产品的理念和必要性，了解正确选择高性价比产品对水泥企业带来的好处，引导企业如何选择高性价比产品的方法和途径，同时推荐当前在耐磨材料领域开发的新技术、新产品，公正客观地向用户介绍在行业中有较高信誉度的企业及其产品。

  本书在编写过程中得到了中国机械工程学会、中国铸造协会和中国建材工业联合会耐磨材料有关领导、专家和耐磨行业内企业家们的大力支持，中国水泥协会、中国水泥网、中国水泥杂志、新世纪导报等部门和机构也给予了指导和协助，在此表示衷心的感谢。

  本书由周平安担任主编，并负责编写第一、第二和第三和五章；合肥水泥研究院的李茂林和鲁幼勤（教授级高工）编写第四章；耐磨材料与铸件分会秘书长安徽省机械研究所教授级高工宋量和周平安共同编写了第六章；张苹勇工程师参与了第四章中圆锥破碎壁零件的编写；暨南大学李卫教授对本书的编写提供了有益的指导和建议。

  本书适用于水泥企业的生产管理和技术人员、耐磨产品生产厂家的技术和管理及销售人员阅读参考；同时也适用于冶金矿山和火力发电等相关行业人员参考使用，并可供从事材料磨损领域、耐磨材料与表面工程方面的研究人员及相关专业的大专院校师生参考。

周平安
2014 年 9 月

目　录

China Building Materials Press

我们提供

图书出版、图书广告宣传、企业/个人定向出版、设计业务、企业内刊等外包、代选代购图书、团体用书、会议、培训，其他深度合作等优质高效服务。

编辑部	宣传推广	出版咨询	图书销售	设计业务
010-88385207	010-68361706	010-68343948	010-88386906	010-68343948

邮箱：jccbs-zbs@163.com   网址：www.jccbs.com.cn

发展出版传媒   服务经济建设

传播科技进步   满足社会需求

1 概　　论

1.1　选择高性价比水泥装备耐磨材料和产品的意义

　　"高性价比"一词主要是指在我们选择各种装备的产品时必须综合考虑产品的性能和价格两个因素的一种理念。当前，"高性价比"这一名词比较流行，但是我们真正了解它的科学含义并在实践中准确地加以描述和应用还是需要认真对待的。编写《高性价比水泥装备耐磨材料应用手册》这本书的目的实质上就是希望能更好地宣扬"优质优价"的思想并引导大家以最终实践的综合效果来评定产品的真正价值的理念。通过宣传这种理念，进一步在水泥和矿山等行业推广一些有实用价值的新型耐磨材料产品和抗磨技术；推荐一些"货真价实"的具有较高技术和管理水准的耐磨材料生产企业；指导和协助水泥工业用户如何来正确地评定和选择水泥装备中经常使用的易损耐磨材料和各种备件产品，从而达到最大限度地降低企业生产和运行成本，提高企业整体效益的目的。因此，它的实际经济意义和社会价值是很重要和明显的。

　　所谓"高性价比"的理念，与我们商业广告中经常推崇和宣传的"物美价廉"的概念有所不同。在许多实际事例中，要想一种产品既要"物美"，又要"价廉"，也就是我们平时所说的"既要马儿跑，又要马儿不吃草"，往往仅仅是一种美好的愿望，这种理想主义的产品在实际生产过程中是很困难的，也是不切实际的。传统的"物美价廉"的概念使我们在实际推广许多具有优异性能和应用效果的高新技术和高档产品过程中带来许多困难和障碍。我们现在提倡和宣扬的"高性价比"这一理念就是要鼓励使用水泥装备和耐磨备件的水泥企业用户从整体利益和效果出发，从衡量装备运行的整个系统的受益来考虑，科学地统计和计算各个环节和工序中取得的实际利益，得出是否应该恰当地选用那种类型的耐磨备件的最终结论。另外一方面，我们也不应该无原则地对用户片面地，单纯地强调高质量和高性能的产品和技术，脱离实际使用情况的需求和水平，或者根本不考虑产品的价值和用户的实际要求，不顾及工厂的实际生产成本、利润和效益，这样也不可能使一种先进技术和产品得到广泛的推广和应用。所以，我们要把产品的"性"和"价"这两个主要要素结合起来，才是"高性价比"的真正实际含义。要想把握好"高性价比"的理念并应用于实践，必须使企业高层以及从事采购耐磨备件的部门和管理人员逐步改变传统的以低价格为唯一标准的旧理念，同时采取科学的方法和程序来评定"高性价比"耐磨材料和备件的性能和实际价值，也要考虑到生产该产品的制造商的信誉和能力，准确地选择和应用真正的高性价比的优秀产品，为企业获得更大的利益和效果。

为了达到科学地选择和评价高性价比耐磨材料和备件的目的。我们应该要了解一些有关磨损和耐磨材料的基本知识，懂得如何来选择和评定"高性价比"耐磨材料及其产品的标准、方法和依据；同时，还要提供实际采购和订货过程应该采用的正确的方法和程序，最后以一些应用实例来加以具体说明。根据这些基本原则、标准、程序和方法，一般情况下，应该由比较有权威和公正性的耐磨和铸造行业学会或协会推荐出一些耐磨材料和备件的生产企业和产品作为样板和实例。而不是以少数人的愿望和意识来评定。应该说，这种推荐和实例是随着时间和条件发生变化的。因此，这种选择和评定是动态的。所以，我们将本书称为"动态集锦"，并把它与现代的电子商务和信息技术结合起来，今后一直贯彻这个基本原则，长此以往，就会产生更好的效果。

"高性价比"的产品和社会上颂扬的"名牌产品"和"驰名商标"等既有相关联之处，也有所不同。大多数的"名牌产品"和具有"驰名商标"的产品和厂家都是通过多年来创造的信誉和用户的信任而获得的，同时又被行业或国家认可而得到的成果和声誉。大家购买这些商品从心理状态来说，一般都会充分相信这种产品的质量是可靠的，价格适当贵一些也是物有所值。一些社会名流人士更会以购买和穿戴这些名牌产品为荣。因此，这些高档产品在一定的人群中占有相当大的市场。在工业领域中，一些大型企业和矿业、水泥集团都希望购买具有较高信誉和稳定性能的优秀企业的产品，也是建立在对供应企业产品的信任和长期考核基础上的，更重要的是，购买这些信得过的高性价比的产品对稳定本企业生产并最终获得的最大经济效益具有重大的作用和影响，而在许多情形下，单纯的产品的价格因素就显得不是非常重要了。例如，长期以来安徽宁国生产球磨机耐磨铸球这种产品，以宁耐总厂为首的多家著名企业在磨球材料生产工艺方面注入了很大的精力和心血，其产品和销售模式获得了水泥矿山行业许多用户的认可，耐磨铸件生产企业也成为了当地政府的支柱企业；中国铸造协会通过组织专家审查和评定，将安徽宁国命名为"耐磨铸件之都"的光荣称号。由此，宁国生产的磨球和技术在一段时间内被大家公认为是比较信得过的产品。当然，随着时间的迁移，这种评定和信誉是有可能发生变化的。这就需要宁国当地企业持续不断地努力，在市场竞争和技术发展的道路上继续保持这种信誉和地位，否则，这种声誉也可能会随着时间和形势的变化而改变。

当前，由于我国钢铁水泥产能严重过剩，生产企业内部不正当的竞争，总体来说，市场和经济形势不是很好，在这种形势下，某些企业为了降低自己的生产成本和提高企业利润，大打价格战；更有些用户，在招标过程中，单纯以产品价格为唯一选择因素，最后，在实际使用过程中由于选用低廉价格的劣质产品，使企业的整体利益产生严重的不良后果，这些实例也是层出不穷的。

1.2　耐磨备件在水泥工业生产效益中的重要地位

耐磨材料和耐磨备件在水泥装备和运行成本中占有很大的比重。水泥工业使用的各种装备和各个生产工序中都离不开耐磨材料和备件。图 1-1 为水泥研磨用球磨机磨球和衬板耐磨备件示意图。图 1-2 为水泥研磨工序中耐磨消耗件和电耗占有的生产成本比例。从生产水泥消耗的比例来看，除了电耗以外，耐磨备件的消耗对水泥的生产成本有重要影响。在各种耐磨产品中，磨球的消耗约占 55% 左右，衬板约占 11%。图 1-3 和图 1-4 为水泥生产过程中立磨磨辊备件和渣浆泵耐磨备件示意图。表 1-1 为根据水泥年产量和磨球单耗计算出来的磨球消耗总量[1]。

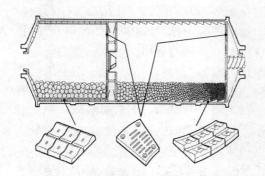

图 1-1　水泥研磨用球磨机磨球和衬板耐磨备件示意图

图 1-2　水泥研磨工序中耐磨消耗件和电耗占有的生产成本比例

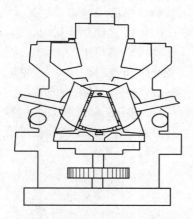

图 1-3　水泥生产过程中立磨磨辊备件

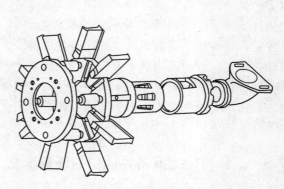

图 1-4　渣浆泵耐磨备件示意图

3

表 1-1 根据水泥年产量和磨球单耗计算出来的磨球消耗总量[1]

项目（行业）	总产量（亿吨）			单耗	消耗量（万吨）			备注
	2011	2012	2013		2011	2012	2013	
水泥（亿吨）	21	22	24.1	0.169kg/t	35.49	37.18	40.72	高铬球
水泥、矿山和火电行业合计	—	—	—	—	151.71	170.38	～200	高铬、球铁和锻钢球

与水泥工业相关密切的砂石行业近年来耐磨铸件需求量也很大。2011 年我国砂石行业年产能为 110～120 亿吨，年需求各类耐磨材料按每吨消耗 100g 计，约需 110～120 万吨耐磨铸件[3]。

作为主要供应耐磨材料产品的企业来说，同样一种产品，面向的对象往往不仅仅限于水泥行业，而耐磨备件消耗量最大的领域还是在冶金矿山工业。因此，我们在编写水泥装备用的耐磨材料手册时，很多内容同样适宜于冶金矿山行业和火电等有关行业。反之，目前在冶金矿山行业中应用比较成功的耐磨材料产品和技术，同样，许多地方也适用于水泥装备中耐磨备件的应用。

水泥工业中的磨损问题与冶金矿山和火力发电工业等其他工业中的磨损问题既有共同之处，又有一些不同和特殊之处。它们大多都属于磨料磨损问题，但其接触的磨料对象和工作状态却有所不同。对水泥工业来说，磨料对象以二氧化硅为主，采掘和研磨过程以干法为主，在生产、输送和研磨熟料时常常还伴有较高的温度。水泥工业中使用的球磨机磨机直径通常不是很大，而筒体长度较长；矿山领域使用的半自磨机直径可达 8～10m 而长度相对较短。这些因素都会使在水泥工业中选择和应用耐磨材料和表面技术带来一些特殊考虑，也是从事水泥行业中的技术和管理人员必须认真研究和需要解决的实际问题。

近些年来，由于水泥生产工艺经过了很多改进和变更，对耐磨材料和产品的需求从数量和品种上也产生了很多变化。例如，水泥干法生产工艺的大量应用，采用立磨研磨设备代替传统的原料磨球磨机以及今后"以破代磨"的选矿工艺的发展趋势等，都对传统耐磨材料行业的生存和发展产生巨大的影响。今后，可能的趋势是：水泥工业中传统的球磨机磨球的需求量会大大减少，但在一段时间内在熟料磨和细磨工艺中还不会完全取消，而总的耐磨材料的需求量可能会被立磨磨辊或锤头等其他耐磨产品所代替。但只要水泥工业保持良好的发展趋势，对耐磨材料产品的需求以及耐磨备件对水泥企业的重要地位和影响是不会变的。

1.3 高性价比耐磨备件质量的评判标准

在水泥装备中衡量耐磨材料和备件质量好坏有一个大家公认的基本标准，

即：在同样的设备维护和使用条件下，它的使用寿命最长，使用效果最好，消耗的能耗最低。在这三高的前提下，采购的价格又最为合理，供应商的交货期最及时，售后服务最好。这后面三个"最"的基本要求同样对企业的生产和运行成本有着不可估价的影响。具体来说，耐磨备件的使用效果对水泥用户有以下几个方面的影响：

（1）设备运转率

目前，水泥装备的年运转率大多低于 90%。其中，除了水泥设备动力系统产生的故障造成停产的影响因素以外，由于耐磨易损备件的使用不当、使用寿命过短以及更换耐磨备件所花费的时间和精力过长，造成停产和事故使设备运转率过低是经常发生的重要的因素。以杭州一个水泥工厂为例，由于一个立磨磨辊的意外损坏，在一个高达十多米的研磨室中要更换一个磨辊，有时需要花费两周的时间，因而严重影响了生产水泥的产量。一般情形下，水泥工业用户都是选择在淡季或者假期进行维修，在这个时段进行更换备件是最为节省的。但是往往会出现另一种情况，由于耐磨备件的质量事故或者使用寿命过短，造成在正常生产过程中必须更换备件，而不得不停产时，对水泥设备的运转率和实际产量就会产生很大的影响。因此，设备运转率是衡量一个水泥企业管理和经营水准的重要指标，其中，如何有效地选择和使用耐磨材料和备件就是一个非常重要的环节了。

（2）设备生产效率

设备生产效率也是影响水泥产量的一个重要因素。这里包括水泥矿石的破碎效率、研磨效率以及输送效率都对水泥生产的产量和质量以及生产成本有着重要影响。水泥矿石要经过多道破碎工序才能进入研磨工序。各种破碎机衬板和锤头的使用寿命和破碎效果对水泥初段工序的生产效率有直接的影响。在后期的研磨过程中，立磨辊压机磨辊以及球磨机的衬板、磨球的质量也都直接影响到水泥的颗粒粒度、水泥质量品位以及研磨效果。

（3）设备的稳定性

水泥设备经常要在长时间和满负荷条件下工作。耐磨备件的使用效果对设备能否长期运转和高负荷工作有着决定性的影响。过去由于采用低价和质量品位较低的低铬铸造磨球，由于这种磨球磨耗较高，在使用过程中产生失圆、变形以及堵塞隔窗板的现象，造成水泥研磨效果降低的不良后果。

（4）设备的维护成本

设备的维护成本包括：维修备件费用、维修工时及停机费用、维修劳动量和人员费用等。耐磨备件的质量和价格显然是一个重要因素。

（5）设备的能耗

设备运转的电能和燃气等能源消耗是考核企业效益的重要指标。选用不同品种和质量的耐磨材料对设备能耗也有着不同的影响。例如，在大负荷的球磨机中采用优质的等温淬火球墨铸铁磨球，由于它的密度与普通铸造和锻造的钢球相比要小，加入同样数量的磨球设备总的负荷会减轻许多，对降低水泥装备的能耗有着重要意义。

（6）环保因素

环保和劳动条件也是要考虑的一个重要因素。使用高质量的耐磨备件可以在一定程度上降低噪声，改善劳动环境。

1.4 评定和计算耐磨备件性价比的方法

评定水泥装备耐磨材料和备件性价比的质量应该有两个不同水准的具体标准：一是能满足国家和行业制定质量和性能的基本质量标准；二是性能与质量相对应并将价格和实际可能产生的经济效益同时考虑的"性价比"的质量标准。

评定耐磨材料和备件的基本质量标准比较容易和简单。一般可以直接查阅和参照相应的国际、国内和行业标准或生产厂家的企业标准并通过行业比较可靠和有权威性的检测机构进行抽查检验即可；下列是我国最近通过的一些有关耐磨材料和生产产品的国家标准（GB/T）和行业标准（JC/T）以及美国 ASTM 等有关耐磨材料的标准号。我们可以根据这些标准号查出所需的标准规定。

《抗磨白口铸铁件》　　　　　　　　　　（GB/T 8623—2010）
《铸造磨球》　　　　　　　　　　　　　（GB/T 17445—2009）
《奥氏体锰钢铸件》　　　　　　　　　　（GB/T 5680—2010）
《铸造高锰钢金相》　　　　　　　　　　（GB/T13925—2010）
《铬锰钨系抗磨铸铁件》　　　　　　　　（GB/T 24597—2011）
《耐磨钢铸件》　　　　　　　　　　　　（GB/T 26651—2011）
《耐磨损复合铸件》　　　　　　　　　　（GB/T 26652—2011）
《建材工业用铬合金铸造磨球标准》　　　（JC/T 533—2005）
《水泥工业用 耐磨件堆焊 通用技术条件》（JC/T —2011）
美国《抗磨铸铁标准规范》　　　　　　　［ASTM A532/A532M—93(a 2003)］
欧盟标准　　　　　　　　　　　　　　　（EN 12513：2000）

（《铸造磨段》和《立式辊磨机 磨辊与磨盘铸造衬板 技术条件》等标准正在审批过程）

除了这些国家和行业的基本标准外，衡量性价比好坏的具体质量标准相对来说就比较复杂一些。制造商供应的耐磨材料和备件在通过基本质量标准检查以后，仍然还有一个质量好坏及价格高低的差异。好比我们来评定一块玉制品的优劣一样。同样一块玉，可以有相差几倍、几十或几百倍的不同价格。因为根据对玉的品性、大小、形状、颜色和纯度，其观赏效果和用途有极大的差别。这里就要依靠观察、检查、分析以及有权威性的资深专家根据市场的需求等多种因素来评定和判别这块玉的真正价值。这就是性价比的另一种描述，但其理念、方法和标准都是一样的。在同一类耐磨材料和产品中，大多数的情形是：品牌好、信誉度高、表面和内在质量好的材料和产品价格要比没有品牌的不知名的企业生产出来的产品要高一些。这就要求使用这种产品的水泥行业的采购人员要有丰富的知识和经验及判断质量优劣的洞察力，不能单纯以简单的价格低为主要或唯一的标准。从某些国外知名企业进口的耐磨产品与国产产品相比价格要高好几倍，但仍有许多水泥用户仍然喜欢采购和使用这种产品，其原因和道理也在于此。

根据谢克平教授的论述，计算某种产品的性价比值，可以用以下一个公式来计算[4]：

$$(A+B+C)/6$$

式中　A——备件的价格和采购费用；

　　　B——使用该备件时每吨产品的能耗费用；

　　　C——每年该设备要更换备件花费的维修费用及维修时停产所影响的生产效益；

　　　6——耐磨备件的使用寿命系数，一年寿命为 1，少于一年则乘以系数，例如：使用寿命为 8 个月，则 6 为 8/12＝0.667。

以上三项之和（$A+B+C$）$/6$ 为该耐磨备件的性价值。性价值最低的耐磨产品为性价比最高。

2　选择耐磨材料的基本依据和方法

2.1　磨损的分类和不同磨损类型对材料的性能要求

在选择和评定耐磨材料及其产品的时候必然会涉及到许多机械制造、材料科学、铸造生产工艺以及摩擦磨损和表面工程等理论和实际问题。这里我们只重点描述一些有关磨损和耐磨材料的基本概念和知识。在真正涉及到具体实际问题难以判别时，还需要查阅更多的资料和信息[3]。

表 2-1 为工业中常见的各种磨损的类型和分类[5]。在水泥工业装备中涉及到许多类别的易损材料和备件，我们重点关注的是基本属于与水泥磨料接触的磨料磨损和冲蚀磨损等问题。

表 2-1　工业中常见的各种磨损的类型和分类[5]

	磨 损 类 型	所占比例（%）
1	磨料磨损	50
2	粘着磨损	15
3	冲蚀磨损	8
4	疲劳磨损	8
5	磨损腐蚀	5
6	其他	14

在摩擦学术语中规定了各种磨损的特征和定义。在水泥工业装备中涉及到磨料磨损的耐磨材料和备件，如铲齿、齿板、衬板、磨球等；涉及到冲蚀磨损的如泵体、叶轮、管道等。不同的磨损工况条件下，涉及到粘着磨损和疲劳磨损的如齿轮和传动部件等；高温磨料磨损的如熟料冷却机的篦子板等。材料的磨损类型不同，对耐磨材料的要求和选择也有很大的不同。表 2-2 为各种磨损类型要求材料具备的性能[5]。

表 2-2　各种磨损类型要求材料具备的性能[5]

序号	磨损类型	要求材料具备的性能
1	磨料磨损	比水泥磨料有更硬的表面，具有较强的加工硬化能力
2	粘着磨损	互相接触的相配材料溶解度应较低。在工作表面温度下抗热软化能力好，表面能低

续表

序号	磨损类型	要求材料具备的性能
3	冲蚀磨损	在小角度冲击时材料要有较高硬度；大角度冲击时要有较高韧性
4	疲劳磨损	高硬度高韧性，精加工时加工性能好；减少硬的非金属夹杂物，表面无微裂纹
5	磨损腐蚀	无钝化作用时要提高其抗高温和靠腐蚀介质的侵蚀能力，兼有抗腐蚀和抗磨损性能

2.2 研究和评定磨损的基本方法

2.2.1 磨损问题的系统分析和材料的相对耐磨性

由于实际的磨损工况是非常复杂的多因素的交叉作用。而各种零件磨损损坏的机理也可能会是多种磨损类型的综合影响的结果。这些因素常常会给从事实际工作的工程技术人员在分析和解决磨损问题时带来相当大的困难。所以，利用系统分析的概念来分析和解决磨损问题具有一定的实际意义。尽管目前系统分析的理论用来解决磨损问题的实践经验尚不够完善，但至少它对分析磨损问题的影响因素和选择耐磨材料和技术的方向会有一定的指导意义。

2.2.1.1 磨损问题系统分析的基本概念

为了解释应用于磨损问题系统分析的基本概念，我们引出一个实例来区别材料的强度特性和磨损特性之间的差别（图 2-1）。由图可见，对某种特定的材料来说，在左侧的压缩试验时得到的强度极限只和其材料本身的特性以及变形率有关。因此，它可以看作是该特定材料的固有性能。我们可以根据特定材料的牌号和规格在已经规范性的强度试验结果的性能表上查出该材料的压缩强度性能指标。而且这个性能指标几乎只和材料特性有关。即，

$$\sigma\gamma = f\left[P\left(1\right),\ \varepsilon\right]$$

反之，从图 2-1 右侧的磨损过程中就大不相同了。我们以一个通常发生的三体磨损的工况为实例。当两个相对滑动的物体（中间夹有磨料的作用）在某个固定载荷 F_N 的作用下以某个速度 v 滑动一定距离 S 时，这时，材料磨损的特征就会和比较复杂的摩擦学系统因素有关。该系统的磨损率和摩擦组元（1）的磨损率 W_1 以及摩擦组元（2）的磨损率 W_2 两者的总和有关。同时，其磨损率 W 还和摩擦组元（1）的性能 $P\left(1\right)$ 以及摩擦组元（2）的性能 $P\left(2\right)$，中间的磨料特性以及（1）和（2）之间的相互作用因素 $R\left(1,2\right)$ 和工作变量 F_N、S、v、环境因素 pH 值、温度 T、时间 t 等密切相关。

即，$W = W_1 + W_2$；

$$W = f\left[P\left(1\right),\ P\left(2\right),\ R\left(1,2\right),\ F_N,\ S,\ v,\ \mathrm{pH},\ T,\ t\cdots\right]$$

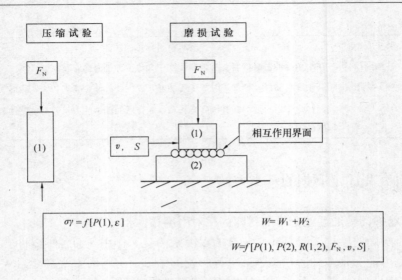

图 2-1　材料的磨损特性与材料的强度试验的差别示意图

为了分析这个磨损系统，我们至少应当了解以下一些有关参数的特征和性能：

（a）相互作用材料 P（1），P（2）的特性；

（b）磨料的特征和性能；

（c）工作变量 S，v 以及环境条件 pH，T 的影响；

（d）相对运动的磨损机理。

由此可见，材料的磨损特征与材料的物理、化学和机械性能特性不同，它不是材料的固有性能。而是与其在磨损过程中使用工况条件的系统特性密切相关。解决磨损问题时，不仅要选择合适的耐磨材料，同时必须充分考虑整个摩擦学系统的各个组元间相互的影响，这就是用系统分析的观点来解决磨损问题的基本出发点。因此，我们为什么说，世界上没有"永不磨损"的抗磨损材料，同时，也没有一种可以放之四海、无论何处都是极佳的万能的耐磨材料。我们只能寻求一种适合于某种工况条件下的最佳的高性价比的耐磨材料和技术。

2.2.1.2　材料的相对耐磨性

材料耐磨性是指某种材料在一定的摩擦磨损条件下抵抗磨损的能力。通常以磨损率的倒数来表示：即，

$$\xi = 1/w$$

式中　ξ——材料耐磨性；

　　w——材料在单位时间或单位运动距离内产生的磨损量，即磨损率。

如上所述，由于材料的磨损特性并不是材料的固有特性，而是与其在运行过程中的工作条件例如材料性能、载荷、速度、温度以及相接触的物料特性等因素

摩擦学系统特性有关。除了工况条件中一些其他因素之外，对材料以及接触的物料特性本身，它们之间的硬度值之比是一个非常重要的因素。

根据经验证明：当材料硬度 H_m 与对磨矿物的磨料硬度 H_a 的比值为：$H_m/H_a = 0.8 \sim 1.1$ 时，这种材料是比较耐磨的。过高的材料硬度耐磨性并不见得会有更大的改善，但往往会大大降低材料的韧性导致零件过早损坏，因此，根据物料的硬度恰当地选择合适的耐磨材料是最重要的。图 2-2 为一个常用的耐磨材料硬质相的硬度值与水泥或矿山中所含矿物的硬质相的对比示意图[6]。它们都用同一个维氏硬度值 H_v 来表示。左边的表示了

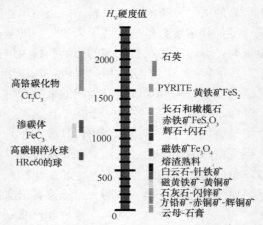

图 2-2 矿物硬度与常用耐磨材料的硬质
相硬度值 H_v 对比的示意图[6]

高铬铸铁中主要的硬质相 Cr_7C_3 碳化物，低铬铸铁中的硬质相渗碳体 FeC_3 以及高碳钢锻轧钢球的马氏体硬度值（HRC60）。而右边的一项则分别表示各种矿物磨料的硬度值。其中制作水泥的原材料中所含的石英硬度值最高，其次是各种铁矿和石灰石等，其中最软的矿物是云母和石膏。一般可以粗略地估计出应该选择什么样的耐磨材料品种和大致的耐磨效果。

2.2.1.3 磨损零件的失效分析

失效分析是近几十年发展起来的专门处理事故和损坏原因的一门技术科学。其目的是要弄清楚机械设备和零件在实际使用过程中不能达到预期功能和效果的原因，从而提出预防和改进的措施。一个高性能和高效率的设备和零件往往是经过许多次的失效分析过程，不断总结其经验教训，才能逐步达到完美的、高性价比的实际效果。近代发展起来和逐步完善的各种仪器和微观分析手段，如各种硬度计、新型光学显微镜、电子扫描和透射显微镜、X 射线衍射等以及无损探伤检测手段都有助于从事磨损研究和使用的工程技术人员更进一步地深入分析磨损过程，以及不断改进耐磨材料和抗磨技术，创造更多的高性价比的耐磨材料和产品。

对机械零件磨损失效分析，一般可以通过以下程序来进行：

（1）了解、调查和收集整理机械和零件使用过程中的原始材料和参数

其中包括：机械设备特性、工作历史、设计依据、制造工艺、使用工况、环境条件以及经济、价格因素等；对于一些常用和经常更换的易损零件来说，更要采取以下有效和可靠的方法，选择合适的试验点，做好详细的实验记录，保留损

坏零件的实样，了解出现突然断裂或损坏的原因，对这些记录应作定期检查和统计、存档并进入数据库。这样，经过长期的数据和经验积累，就能得到比较完整而可靠的失效分析的原始资料。应当指出：收集和积累零件使用的原始资料是对机械零件和耐磨材料进行磨损失效分析的基础和依据。做好使用工况的调查和积累资料，有时需要花费巨大的劳动和精力以及使用用户的密切配合。过去往往由于对实际使用情况不明或用户提供一些不当及臆想的数据而得出错误的结论，这是以前经常发生和足以引以为戒的事实。

（2）对磨损零件的残体分析

对磨损零件的的残体分析，其第一步是宏观形貌的观察和测量。这里包括用肉眼观察和采用低倍放大镜、金相或实体显微镜的观察。当然首先要注意的是磨损部位的表面形貌以及磨损尺寸的变化。在一般情况下，对于有经验的工程技术人员来说，宏观观察和检测大致能够看出磨损的基本特征和损坏的主要原因（例如，表面的划伤条痕、腐蚀点蚀坑和严重塑性变形等）。在宏观观察的同时，要及时摄影拍照和记录好损坏零件的特征。在某些情形下，宏观观察还应包括磨损部位的尺寸测量以及表面硬度的现场测量，如果损坏零件较重或较大时，一般可以用手提式硬度计来完成。图2-3～图2-5为我们对一个使用后拆卸下来的球磨机衬板进行磨损分析和测量的实例。

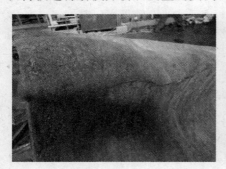

图2-3　球磨机衬板使用后磨损表面形貌　　图2-4　对拆卸下来的衬板磨损表面进行尺寸测量

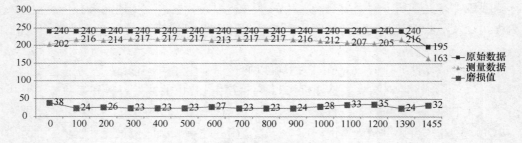

图2-5　对磨损后衬板测量的数据表

为了进一步弄清楚材料磨损的原因和规律，需要做第二步更深入的微观分析和材料试验工作，这时需要将残体零件进行解剖和取样。一般情形下，先可用电弧切割的方法在残体中切出一块可供实验室进一步加工的样体。这里要注意的是电弧切割时会产生较大的热效应，有时会改变原来的组织和性能得出不准确的结论。所以，其切割部位必须留出至少有 50mm 以上的足够的热影响区。在进一步用线切割机或机械加工时要将这部分热影响区切除。进一步微观分析的目的是为了重新检验材料的硬度和韧性，观察其金相组织的形貌和变化，在必要时，还有进行扫描电镜的观察和检测。由于磨损往往发生在材料的表层或次表层区域，为了对磨损机理进行深入研究，可以采用斜切面的办法进行取样和分析，这时要将磨损表层切口部分用镀镍或其他方法进行保护（图 2-6）。在扫描电镜下可以同时观察到磨损条痕和表层以下组织结构的变化。这些工作对于分析采用强化磨损表面的复合材料和技术（如堆焊、涂层等）特别有效。在一些特定工况条件下工作的机械零件，例如发动机中的齿轮、轴承和缸套等精密零件的磨损状态，还可以在油箱中定期收集磨损产物磨屑，利用铁谱仪等仪器进行现场和定期监控等来分析磨损过程。但是，对于水泥工业装备中经常遇到的磨料磨损类型，这种分析就会变得更加复杂得多。

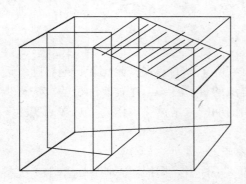

肉眼观察	划痕
普通照相	擦伤
显微镜观察	犁沟
尺寸测量	削
表面硬度测量	凹坑
扫描电镜观察	点蚀
斜切面取样	裂纹

图 2-6　对磨损表面取样观察方法的示意图

表 2-3　某种衬板使用前后硬度比较（表层加工硬化现象比较突出）

序号	使用一个月后		
	安装面	使用面	
		边部	筋条部
1#	41.5、40.1、39.7	55.7、56.6、53.9	54.7、53.1、54.7
2#	42.8、38.8、42.4	60.7、55.8、55	54.5、50、50.5
3#	43.9、43.6、41.0	56.4、59.6、57.6	51.2、54.7、51.5
4#	42.4、42.9、40.7	53.2、57.5、56.1	50.1、52.3、51.2
5#	35.8、39.7、41.0	—	—
6#	41.0、44.0、43.2	—	—
7#	39.3、42.2、38.1	—	48.9、47.4、44.4

2.2.3 磨损试验

2.2.3.1 磨损试验的意义和分类

在对磨损零件失效分析的基础上，我们一般弄清楚了该零件磨损的基本原因和应当采用的耐磨材料和技术措施的方向和途径。为了进一步证实采取技术措施的正确性和可能性，下一个步骤就必须通过在实验室和现场进一步的磨损试验来证实获得的信息并作进一步的改进，从而优选出更加有效和合理的方案。因此，磨损试验也是一个解决磨损问题的一个必要的手段和方法。

磨损试验的主要目的是：

（1）优选试验耐磨材料和表面抗磨技术的工艺和方案；

（2）预测和检测试剂磨损过程的结果；

（3）系统研究磨损机理及寻求磨损过程的基本规律。

按照磨损试验的条件和目的，一般可将磨损试验分成两大类，即实验室磨损试验和实际磨损试验。实际情况下的磨损试验真实性和可靠性较强，是建议磨损试验方案的最可信的试验方法。但是，它也有许多决定和实际困难：

（1）试验周期长，一个实际零件要进行一个完整的试验周期，有的需要几个月甚至更长的时间；

（2）实际试验的影响因素比较复杂，有的使用参数不易控制，有时会影响试验结果的可靠性和精确性；

（3）实际试验所花费的费用和人力比较大。

在 20 世纪 30 年代以前，这种实际工况的磨损试验比较普遍，随着近年来实验室磨损试验装置的增多和试验方法的日益完善，这种实际试验方法逐步成为最终考核和评定磨损结果的手段，而前期的大量试验工作已被众多的实验室试验所代替。

2.2.3.2 实验室磨损试验的分类和选择

实验室磨损试验指的是在实验室条件下，模拟实际使用的基本工况条件和参数，采用专门制作的试样或实际零件进行的磨损试验。这种方法的优点是试验周期短、试验条件和参数比较容易控制，试验费用和占有的人力、物力消耗较少。所以，这是一种被广泛采用的一种试验方法。一些有条件的工厂、企业、学校和研究机构都设有专门的磨损研究和实验室，配备必要的磨损试验机和仪器装置，作为开发、研究和评定耐磨材料和技术的一种必不可少的技术手段。

由于磨损的现象比较复杂，影响因素较多，因此，在实验室条件下如何模拟实际零件的运行和磨损过程是一个需要认真考虑的实际问题。在这里，我们要注意两种不同的趋向：一种是比较强调实验室所有的试验条件必须和实际使用工况相一致，因此，往往采用直接从工作现场运来的土壤、沙石和泥浆，采用完整的实际零件进行试验，实际上，这已经是一种缩小了的实际工况试验，同样需要花费较大的人力和物力。它比较适用于有固定用户和固定产品的大中型企业的试验研发中心。例如，国内某生产各种破碎机的企业，具备了各种模拟的小型破碎机以及接近现场工作条件的小型试验设备，可以比较有效地模拟现场的各种条件进行试验。而一般的中小型企业就没有这个条件来进行这种试验。实验室试验的另一个趋向是尽可能将实际工况条件简化，采用最简便的方法和仪器来快速地进行实验室的磨损试验，尽快地获得趋向性的试验结果。在这里要提出一个问题，什么样的磨损试验机和试验方法是最适合于企业的需要呢？我们如何来选择自己需要的磨损试验机？首先应该指出：如同世界上没有一种万能的耐磨材料一样，市场上也没有一种万能的试验机和通用的试验方法可以代替所有的磨损实际工况，它只能根据试验机的类型、相对运动的方式，采用的介质条件来相对地模拟实际工况类型和工作条件，获得相对的磨损试验结果。这里，普遍认为选择合适的实验室磨损试验机最基本的原则是：实验室的磨损试验的磨损机理应该和所模拟的实际工况条件下磨损零件的磨损机理相一致。也就是说，在大多数的水泥装备中我们涉及的磨损零件如磨球、衬板、齿板等的磨损机理是磨料磨损；一些典型的泵类零件如叶轮和护套等都属于冲蚀磨损；另一类如齿轮、轴承等都属于润滑磨损。我们首先应在所属的磨损类型范围内选择适合于自己使用的磨损试验机和试验方法。

2.2.3.3　磨料磨损和冲蚀磨损试验机的特点和分类

自 20 世纪 60 年代摩擦学迅速传播和发展以来，世界上各种摩擦磨损试验机已有好几百种，我们这里只重点叙述与我们有关的磨料磨损和冲蚀磨损试验机。

过去，我国一些大专院校和研究机构中，在参照国外有关文献的基础上，依靠自己的力量来设计和制造了几种类型的磨料磨损试验机。例如，由中国农机科学研究院设计的肖-盘式和干、湿式橡胶轮磨损试验机和腐蚀磨损试验机以及由沈阳重型机械所设计的动载式磨损试验机都得到了同行业的采用。目前，这些磨损试验机已经逐步走向市场，比较典型的是由张家口市诚信试验机厂生产的各种磨损试验机。其主要类型有：MPX 型肖-盘式磨料磨损试验机、MLD-10 型动载磨料磨损试验机、MLG-130 和 MLS-225 型干、湿式橡胶轮磨料磨损试验机、MYS-500 型岩石研磨磨料磨损试验机以及 MSH 型的腐蚀磨损试验机等。

在有效地选择适合于自己工况条件下的磨损试验机以后，采用正确的试验方法也是非常重要的。衡量一种实验室磨损设备和试验效果的基本标准应该是：

（1）试验结果的重现性好，试验误差小；在普通的磨料磨损试验机中，重现性误差应控制在 5% 以下；

（2）鉴别率高，即在影响参数的微小变化情形下也能观察到磨损性能的变化；

（3）模拟性好，即其模拟的磨损类型与实际的磨损机理最相近。

实验室的模拟试验最终应该和实际使用时获得的趋向和结果相一致，并且尽可能定量地预测到实际使用的结果。当然，在实际情况下，也有可能会出现与实验室中预测的结果不符甚至相反的结果，这时需要小心地研究实验室结果的正确性和采用这种试验方法的适用性。

实验室试验还分为普通的样品试验和实际零件的台架试验。用一定形状和尺寸的试验样品（圆柱形或平板型）或者直接用耐磨产品来进行磨损试验或破坏性试验，这样可以获得更理想的效果。

2.3　耐磨备件的验收标准和质量评定方法

耐磨备件的验收标准除了在产品国家和行业标准中规定了一些对该产品要求的材料性能和尺寸数据以外，经常是由供需双方在订货合同中注明和体现。这种验收标准和方法随不同用户和使用要求会有较大的差别。对一些常用的耐磨产品，例如球磨机磨球，用户经常会要求生产厂家提供所选择的磨球材料的化学成分、磨球的表面硬度和心部硬度值、在磨球上切取的试样的冲击韧性指标以及该磨球在实际试样过程中的破碎率、磨耗和失圆度，同时还要考核使用这种磨球后对选矿效率和细度等使用指标的实际影响等。这里，我们强调的是：生产厂家要控制和保证产品的质量标准和实际用户在使用过程中要求的性能指标是有区别的，同时又是互相关联的。一般来说，生产厂家要控制的是生产这种产品的质量标准，而用户要求的是满足用户实际需求的使用要求和标准。生产厂家只要按照磨球材料的基本化学成分来控制，又能采取必要的生产设备制作出无缺陷和符合尺寸要求的产品，同时经过严格的质量保证系统的性能监测，那么，就有可能保证用户在使用过程中获得必要的磨耗和其他性能要求。实际上，用户关注的是采用这种产品的实际效果。而这种实际效果往往还和该用户本身的矿物的磨料特性、设备条件和管理水平有很大的关联。不同的用户使用条件，采用同一种耐磨产品，其磨耗和效果也会有所不同，这是生产厂家和实际用户都应该懂得的基本道理。

另外，对所有的耐磨产品来说，在实际使用过程中，都不允许产生断裂和破损，因为产品的断裂和损坏不仅是无法衡量其耐磨效果，更主要的是它会直接对设备的正常运转产生严重的影响，设备会过早停产和使更换备件的周期大大缩短等后果。用户在使用过程中发出现这样的情况，往往会要求生产厂家索赔和更换备件产品等要求，严重时还会造成更大的纠纷。因此，在用户和生产厂家签订订货合同时，要明确规定产品的验收条件是非常重要的。

3 耐磨材料的发展历史及耐磨材料和技术的最新发展

3.1 耐磨材料的发展历史和耐磨材料企业发展概况

在我国古代三千多年以前，就有了用铁犁耕作农田的记载。随着工业的不断发展，耐磨材料的系统研究也已经经历了一百多年的历史。耐磨材料的最早研究和应用是从普通白口铸铁开始的。以后发展了各种合金铸铁和球墨铸铁并形成了比较成熟的镍硬铸铁和含铬系列的耐磨铸铁。1886 年，从英国哈特菲尔德（Hadfield）发明了 Mn13 高锰钢以后，各种低、中和高合金钢在耐磨领域中也得到了大量应用。到现在为止，从高锰钢、合金钢、镍硬铸铁和各种白口铸铁及高铬铸铁等不同类型的耐磨材料，都已经经历了研究和发展以及生产工艺不断完善和发展的基本过程。国外这些研究和应用大多是在 20 世纪 60 年代以前完成的。像球磨机磨球、衬板这样一些消耗量极大的易损件目前已经由一些大公司采用较为成熟的工艺和材料进行集中批量生产，它们这些年已把较多的精力放在制造工艺和设备的完善和标准化方面。由于采用了比较先进和现代化的生产设备和质量控制手段，因此，这些企业的产量大，质量比较稳定，制造成本也大大降低。相对而言，我国近几十年来在耐磨材料和抗磨技术方面的研究和应用一直没有终止。特别是在 20 世纪 70 年代到 90 年代这段时间里，有许多研究结合我国国情，无论在耐磨材料的品种和类型，理论和生产实践等方面都有明显的突破和进展。例如，在高锰钢的强化、各种中低合金耐磨钢（包括贝氏体钢）、低铬和高铬铸铁、马氏体和奥、贝体球铁等耐磨材料的系统研究和应用方面都取得了很大的成绩和显著的经济效益，其中有些品种已经被列入了部级或国家标准。目前，我国耐磨材料的生产已逐渐形成量大、面宽和步向规模化的趋势，并已成为一个独立的、专门服务于矿山、建材和发电的原材料供应的行业而存在。其中，钢铁耐磨材料是耐磨材料中的主体企业，目前，针对我国年用量约 350 万吨的耐磨材料需求量的广阔市场，这些企业已能批量生产奥氏体耐磨钢、耐磨白口铸铁、耐磨合金钢、耐磨球墨铸铁以及耐磨钢铁复合材料等五大系列耐磨钢铁产品。它们的生产工艺和设备条件以及质量控制方面也都有很大的改善，从而大大降低了易损件的消耗指标（磨耗）和成本。由于磨损问题常常仅仅发生在零件的表面和局部，因此，只要工艺上可行，采用表面局部强化或者复合材料的方法是最为经济和有效的。这些年来，表面工程在抗磨技术方面的应用也有了很大进展。例如，表面热喷涂和堆焊以及镶嵌、复合材料技术等都已经在许多领域获得成功应用。这些新型抗磨技术在工业领域中的扩大应用也意味着该行业的科学水准的提高和进一步成熟和完善。

据不完全统计，从事耐磨材料生产和经营的企业全国大概有 800~1 000 个。其中，年产 10 000t 以上的不到 20 家，其余大多为一些中、小型企业。这些企业的来源为：

（1）原各行业和地方所属的专业机械厂中的铸造车间，如唐山水机、北京水机等水泥机械厂；

（2）各大型工矿企业所属的机械（机修）厂，如首钢、鞍钢的锻/轧球厂和江西德兴铜矿机械公司等；

（3）民营的专业耐磨件厂，如安徽宁国耐磨材料总厂等。

前两类原都为国营企业，部分企业也已开始在改制。第三类民营企业有的开始来自于一些普通的小型铸造厂，后来转化为生产耐磨件的专业厂；有的原是一些小磨球厂，逐渐由单一的铸造工艺发展成规模较大的铸造、热处理和机械加工一条龙式的机械化生产模式。一些企业已完成了开始的原始积累，经过多次的技改和扩建，逐渐发展成为大中型的专业耐磨材料生产厂。由于民营企业的管理机制比较灵活，现在它们已逐渐成为国内耐磨产品生产的主力军了。尽管如此，我国的耐磨材料行业相对于国外同类企业来说，无论从生产规模和技术水准都还有很大的差距。这些差距主要表现在以下几个方面：

（1）生产规模分散。

（2）生产手段落后。在这些耐磨材料企业中，除少数大型企业外，大多数的中、小型企业还都是手工生产，机械化程度比较低，生产工艺比较落后。

（3）质量控制和管理水准较低。随着国民经济和水泥工业的进一步发展，对优质耐磨材料产品的数量和品种上的要求会越来越高。同时，我国进入 WTO 以后，国外耐磨材料的市场需求也在不断增加，国内外市场的竞争也会越来越激烈。面对这种形势，如何制定企业的发展战略将是企业领导者迫切需要考虑的问题。

这些年来，耐磨材料行业也有了很大的发展。一些起步较早的企业已经完成了原始积累阶段并逐步进行扩建和技术改造并成为国内较有实力的企业。

在国外，耐磨材料行业大多集中在一些大型企业来经营和发展。例如，在球磨机磨球的生产中，过去主要由最大生产企业美国的 GST 钢球公司生产，年产锻钢球约 60 万吨。几年前，GST 公司由于主公司经营不良而倒闭后，锻钢球的生产被智利莫利考普钢球公司（Molycop-Chile）和美国斯莫根钢球公司（Smoogon's Steel Grinding System of America）两家公司收购和经营。主要产品仍为锻钢球，主要用于铜矿等大型矿山行业。另一个国际上知名的耐磨材料产品生产企业是比利时的马科托公司（Magotteaux Group）。目前它的耐磨备件年产量已达 45 万吨，产品销往世界各地，占领了国际一些大型水泥工业的主要市场；比利时马科托公司其总部设在首都布鲁塞尔，分布在全世界 24 个国家，有 2100 个员工、16 个生产厂家、2 个技术中心、2 个研发中心、共有 105 个销售人员和技术工程师组成一个世界范围内的整体团队，年销售总额曾达 3.13 亿欧元。目前，该公司已在中国设立了经营办事机构和苏州的热处理生产基地并逐步扩大在中国和世界的市场和合作。图 3-1 为比利时马科托公司在世界各地生产磨球和各种铸件地区的分布。图 3-2 为马科托公司生产的各种耐磨铸件分配比例。其中，研磨 ＋ 破碎 ＝ 86％；各种耐磨铸件中，磨球为 52％，衬板 14％，锤头和破碎零件 13％，耐热铸件 8％，立磨磨辊 7％，其他 6％[7]。

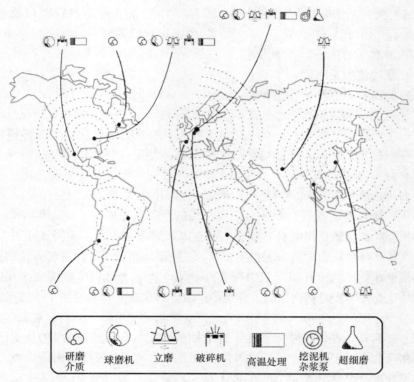

图 3-1　比利时马科托公司（Magotteaux Group）
在世界各地生产磨球和各种耐磨铸件产地的分布[7]

近些年来，随着与工业发达国家的学术和技术交流、生产合作和市场贸易，我国也引进、消化和吸收了一批国外先进的技术和设备，在市场的引导下，一些高

图 3-2　马科托公司生产的各种
耐磨铸件分配比例[7]

等院校、科研院及耐磨材料企业也独立自主地开发了一些有自主知识产权的耐磨材料和表面工程的生产和应用技术，有力地促进了耐磨材料行业的技术进步和经营能力。总结起来，对于一个优秀的现代化耐磨材料行业的企业来说，应当具备以下几个基本条件：

（1）具有一定的生产规模和经济实力；

（2）拥有必要的现代化的生产装备和测试仪器；

（3）先进的经营管理机制和完善的销售和质量管理体系；

（4）高水平的技术和管理人才；

（5）现代化的信息网；

（6）诚信和可靠的协作精神。

实践证明，加强同行业企业之间的合作有利于企业的共同进步和利益，这种协作在一定条件下，特别是在同一地区、经营同一产品的情况下尤其显得重要和有效。在一些发达国家，利用行业之间的合作，制定一些共同遵守的法规，对保护民族利益和对付外来的反倾销起到了国家和政府不能起到的重要作用。在耐磨材料行业中加强行业之间的协作可以通过政府部门的协调、政策的倾斜以及行业协会的组织来逐步实现并在企业自愿和协商的基础上完成。

为了推动我国铸造耐磨材料产业的高速和良性发展，2013 年 5 月，中国铸造协会耐磨铸件分会在中国铸协的直接领导和关注下，组合了国内著名专家和企业家的共同信息和资源，正式制定和出版了《中国铸造耐磨材料产业技术路线图》[2]。其目的就是要在耐磨材料产业高速发展的同时，解决产业技术发展水平滞后、技术瓶颈制约产业进步等问题，弄清楚本行业产业技术的"前世、今生和未来"。

耐磨材料产业技术路线图首先系统全面分析了本行业产业的历史与现状，从国内外耐磨材料产品市场的需求出发，通过科学、有效、合理的论证，提出产业可持续发展的战略规划和可实现的技术途径，筛选并确定出全面提升产业技术水平的产业目标和绩效目标，梳理出实现产业目标面临的关键技术难题，提出产业发展亟待解决的共性研发项目，并完成项目实施的主体、发展模式、时间节点以及实施风险分析。

我国耐磨材料企业的今后发展方向应该是，单品种的优质规模化和多品种生产两种方式，如磨球、衬板、铲齿等专业产品组织生产，宜将该产品做大做强，因为这些产品结构比较单一，生产效率较高，比较容易实现机械化和自动化，产品质量比较稳定，管理方便也容易到位；而另一类企业，多数为大、中型国营和民营企业，根据行业特点和市场需求，选择多品种的生产方式，其中，某些企业采用将耐磨产品的整个生产工序铸造、热处理和机加工连在一起来组织生产的方法，满足一些固定用户的需求并获得更高的利润。另外，由于水泥和矿山机械设备逐渐大型化的趋向，对于与之配套的耐磨配件产品也有大型化和结构复杂化的趋势。特别是某些引进的高档设备对耐磨件的抗磨损、耐腐蚀和抗冲击能力等性能也提出了更高和更苛刻的要求。例如，国内瑞昌水泥公司引进 LOESCHE 公司生产的 LM 56.2＋2S 型辊式立磨设备，其主磨辊尺寸为：$\phi 2650mm \times 750mm$，单重超过 12t。目前，国内生产的最大的破碎机锤头单重也已超过 380 kg。这些市场的新的需求也加快了耐磨材料行业的发展和技术进步。目前，国内一些有条件的耐磨材料企业面向国际耐磨材料产品市场也是一个正在逐渐发展的趋势。外销产品的市场优势，税收、产品价格和利润以及资金回收率较高的有利因素都促使一些企业往外向性方面发展。可以预计，随着经济形势的不断发展，今后耐磨材料行业的发展将会朝着一个更加辉煌和完善的方向稳步前进。

当前，耐磨材料和技术的发展目标和任务是：

（1）提高耐磨件的质量品质和应用水准；

（2）降低工业运转和采购成本；

（3）改善环境和节能减排。

3.2 耐磨材料和技术的最新发展

3.2.1 耐磨铸件的特点

在水泥工业使用的消耗量最大的、众多的耐磨件中，其生产制造工艺大多直接采用铸造方法来成型，然后经过修整、热处理或机械加工出厂使用。其原因是：大多数的耐磨件都有较高的硬度和脆性。在一般情形下，耐磨件在铸造成型后，很难再通过锻造或其他方法重新进行塑性变形。因此，铸造工艺和设备的选择以及质量控制就是保证生产铸造耐磨产品质量的重要前提了。

由于历史条件和企业具体情况的差别，目前，我国耐磨铸件企业生产的设备和选用的铸造工艺有较大的差别。应该指出，耐磨铸件的生产厂与一般的铸造工厂选用的铸造工艺和设备既有共同之处，也有各自的特点和需要。耐磨铸件生产的特点是：

（1）耐磨铸件和一般铸件的材料品种不同，耐磨铸件的主要材料品种是：高锰钢、中低合金钢和各种合金白口铸铁和球墨铸铁；而一般的铸造工厂则偏重于生产普通的灰口铸铁或者碳钢铸钢件。

（2）耐磨铸件的品种相对来说比较繁杂，一般都是设备运转中的易损件。除了大量消耗的球磨机磨球和衬板这些耐磨介质外，其同一品种的批量并不大。

（3）大多数耐磨铸件要直接依靠铸造成型来保证其尺寸精度和表面光洁度，且有较高硬度和脆性，难以机加工、焊接和校正。

（4）耐磨件的使用性能不仅和本身材料品种的生产技术和质量有关，也和用户的实际需求及使用工况条件有关。

（5）耐磨铸件的材料品种很多，可以按不同类型和用途进行广泛分类。例如可分为黑色金属和有色金属耐磨铸件（铸铁磨球或铜轴瓦）、抗磨料磨损、摩擦磨损或腐蚀磨损铸件（衬板或泵件）等，但实际应用较多的还是金属耐磨铸铁或铸钢件[8]。

3.2.2 耐磨材料和技术的最新发展

3.2.2.1 计算机仿真技术在模拟铸件凝固状态和铸造工艺设计中的应用

近些年来，计算机仿真技术已经在耐磨行业中得到成功应用并大大节省了生产成本，提高了生产效益。特别是在设计和试制新产品时几乎是不可缺少的重要技术手段，也是衡量铸造企业技术水平的一个重要标志。下面举几个实例加以说明：

1. 球磨机运转过程的模拟和衬板结构的改进[9]

在生产水泥和选矿过程中，球磨机是研磨水泥物料和矿物的关键设备。在球磨机中，利用一定结构形状和角度的筒体衬板的凸台，将磨球和物料提升到一定高度，在抛落过程中，利用一定重量和填充率的磨球将物料砸碎，同时，经过磨球和物料的相互接触和摩擦作用，将物料研磨成一定粒度。在某矿山选矿厂，由于采用了8m以上的半自磨机，在最初，由于衬板结构设计不合理，出现了磨球直接砸衬板的现象，使衬板出现早期断裂和破碎的现象（图3-3）。后来，经过对球磨机运转状态的计算机模拟，适当修改了衬板的结构形状，就大大改善了研磨效果和衬板的使用寿命。图3-4为球磨机磨球下落抛物线的示意图；图3-5为衬板原结构因为提升角设计不合理造成的磨球砸衬板的模拟图；图3-6为衬板结构改进后磨球和物料下落状态的模拟图。

(a)　　　　　　　　　　　　(b)

图3-3　矿山领域采用的大直径半自磨机和使用的球磨机衬板

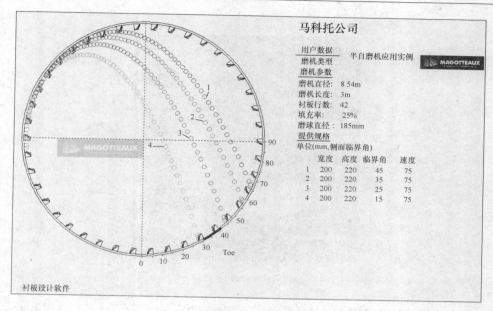

马科托公司

| 用户数据 | 半自磨机应用实例 |
| 磨机类型 | |

磨机参数
磨机直径：8.54m
磨机长度：3m
衬板行数：42
填充率：25%
磨球直径：185mm
提供规格
单位(mm,侧面临界角)

	宽度	高度	临界角	速度
1	200	220	45	75
2	200	220	35	75
3	200	220	25	75
4	200	220	15	75

衬板设计软件

图 3-4 球磨机磨球下落抛物线的示意图[9]

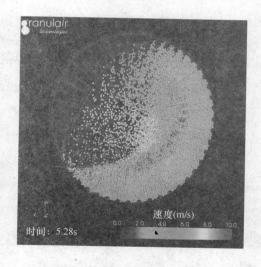

图 3-5 原结构磨球砸衬板的模拟图

2. 典型耐磨铸件的凝固状态模拟和铸造工艺设计

计算机模拟的另一个重要应用领域是耐磨铸件的凝固状态模拟和铸造工艺设计。这里主要采用的是普尔卡斯特（ProCAST）计算机专用软件。它是一个完整的模块化软件系统，包含了可拓展的许多应用模块与工程工具，以满足铸造企

23

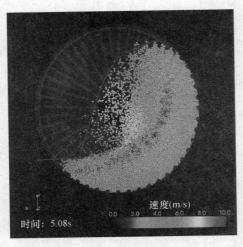

图 3-6　衬板结构改进后磨球下落点的模拟图[9]

业具有挑战性的各种需要。各个模块具有很强的专用性，分别针对工艺过程的某一特定步骤。

　　ProCAST 还包括以下几个模块：MeshCAST 网格划分、前处理器 PreCAST（材料数据库、边界条件、运行参数等项内容）、运行计算（流体求解器、传热求解器、应力求解器、辐射、气孔与微观缩孔预测、微观组织等）、后处理器 ViewCAST（金属液前沿流动、卷气、温度场、压力、凝固数据、速度矢量、应力和变形、微观组织）等。下面举几个典型的耐磨铸件模拟过程作为实例[10]：

　　（1）高铬铸铁衬板

图 3-7　原铸造工艺设计

图 3-8　计算机模拟后的改进设计

24

图 3-9　计算机模拟铸造凝固状态

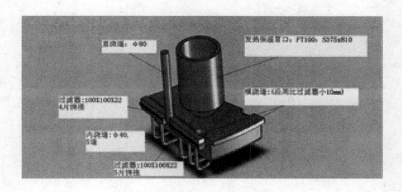

图 3-10　实际耐磨铸件生产效果

（2）高铬铸铁磨辊

图 3-11　原设计工艺铸件
出现缩孔

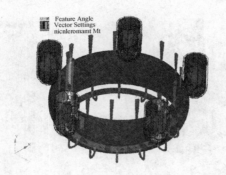

图 3-12　原铸件凝固状态模拟图

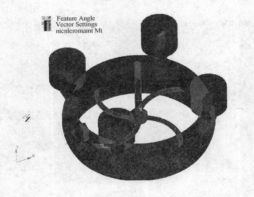

图 3-13　改进工艺凝固状态图

（3）高锰钢锤头

图 3-14　高锰钢锤头的铸造
工艺设计方案[10]

图 3-15　锤头的凝固状态模拟图[10]

3. 2. 2. 2　冶金质量改善的新技术

在生产耐磨铸件过程中，熔炼的铸钢和铸铁的冶金质量是控制铸件内部质量的一个非常重要的因素。由于近些年来中频感应电炉的蓬勃发展和大量应用，为铸造行业提供了方便和实用的熔炼设备。但是，应该清楚地认识到，在感应电炉中熔炼获得的钢铁液体只是一个原材料的熔化和配制成分的过程，它无法或者是难以进行通常在电弧炉中进行的氧化和还原反应的全冶金过程。因此，在感应电炉中钢铁液体的冶金质量主要是依靠原材料的纯洁度来控制的，如果使用的原材料不干净，或者所含的有害元素 S、P 过高，那么，熔化的钢铁液体就无法保证铸件的内部冶金质量。通常一些铸造厂或用户，由于无法直接观察到铸件内部的冶金质量状况，往往只是单纯依靠检查铸件的化学成分是远远不够的。这就需要到现场考察生产厂家的使用原材料的质量以及熔化过程，抽查铸件内部的金相组织和夹杂物的形态、数量和分布，才能保证铸件在实际使用过程的性能和使用寿命。在一些冶金行业中，对于生产一些高要求的钢铁产品规定必须在冶炼过程中增加精炼的措施，在冶金工艺中常用的是：真空处理技术（VOD 和 LF）以及氩氧脱碳法（AOD）等技术。在耐磨铸件生产企业中，考虑到实际需求和条件，一般可以采用以下一些提高冶金质量的有效措施：

1. 氩氧脱碳法（Argon Oxygen Decarburization）[11]

1968 年，美国的乔斯林钢公司研制成功第一台 15t 的 AOD 精炼炉。自发明以来，氩氧脱碳法技术发展很快。

AOD 法的基本原理是：从炉子的侧壁风口吹入被氩或氮稀释了的氧气，气体以高速吹入熔池深处，使钢液和炉渣充分混合，增加了熔池的反应速度，因而在短时间里能使钢液顺利地脱碳而金属又不致过分氧化，一般可以在 5min 内把碳脱至 0.05% 以下，因而这种精炼过程可以大量采用廉价的高碳铬铁和回炉料，Cr 的收得率可达 98%，使生产成本大大降低；另外，AOD 法的设备也比较简单和实用。由于这些优点，在 20 世纪 70 年代该方法就得到了普遍推广，并已在一些著名的公司（如美国的 ESCO 铸钢厂）得到成功应用。

初炼钢液倒入 AOD 精炼炉以后，吹炼操作即进入氧化期。在第一阶段，氩和氧的比例为 1∶3 左右；随后，氩和氧的比例会逐渐加大直至 1∶4；当冶炼不要求低氮时，也可以用低纯度氩气或部分氮气（40%～70%）来代替。

AOD 法精炼的效果可以归结为：

（1）化学成分控制准确

在 AOD 炉中发生的化学反应可以用相当精确的方法来预先计算，所以最终的化学成分控制可以非常精确。碳可以控制在 ±0.005% 的范围内；硅和锰可以控制在 ±0.04% 的范围内；同时，在氧化期它可把碳脱得很低，至 0.003%～0.04%；而且，AOD 法电炉熔化对配碳量的要求也比较宽松，一般熔清碳可高达 1.0%～3.0 %，而在氧化期合金的烧损也比较少，这样，采用廉价的高碳铬铁等合金作原料以降低成本也是非常有利的。

（2）钢中气体含量低

AOD 炉在吹炼过程中吹入氩气，有利于气体的排除，用 AOD 法钢中气体含量明显低于电炉钢，其中氧的质量分数减少 19%～40 %；氢减少 6%～46%。

（3）钢中非金属夹杂物含量减少

由于钢的纯洁度提高，硫和氧的含量很低，氧化物和硫化物的含量大大减少，夹杂物就减少。表 3-1 为某厂对电炉冶炼钢和经 AOD 炉处理的 1Cr18Ni9Ti 钢中夹杂物含量的统计比较结果。

表 3-1 电炉冶炼钢和经 AOD 炉处理的 1Cr18Ni9Ti 钢中夹杂物
含量的统计比较结果（质量分数%）[11]

冶炼方法	炉数	总量	SiO_2	Al_2O_3	MnO	FeO	MgO	Cr_2O_3	TiO_2	CaO	NiO
电炉	11	0.0147	0.0023	0.0089	0.0001	0.0006	0.0003	0.0003	0.0016	0.0001	0.0002
AOD 炉	11	0.0093	0.0020	0.0030	0.0001	0.0006	0.0003	0.0003	0.0020	0.0001	0.0001

尽管 AOD 技术对精炼钢液有非常理想的效果，但是由于对生产一般的耐磨铸件时生产成本较高，技术难度大。同时，由于耐磨铸件重量吨位不是很高，采用的 AOD 炉越小（一般在 5t 以下），炉衬损耗更大。因此，目前国内只有少数厂家在制造高档和特殊的耐磨铸件中才采用。

2. 感应电炉炉底和钢包吹氩技术

目前在耐磨材料生产企业中，为了提高钢铁液体冶金质量而采取的比较实用的精炼技术是在普通的感应电炉炉底或者在出钢的钢包的包底砌上一个专用的透气砖，在透气砖的接口处接上吹氩气的管道。这样，可以在熔炼过程和浇注前进行除气和上浮夹杂物的精炼。炉底吹氩的精炼工艺可以维持较长时间达到较好的纯净效果。需要注意的是要防止出钢后余留的钢渣将透气砖堵塞。钢包中吹氩如果时间过长会使钢液降温过多。在某些工厂中曾采用类似电弧炉的结构盖住钢包同时给予保温的措施，也有采用感应圈加热保温的办法来保持钢液温度的，这些措施特别是对于像高铬铸铁等脆性耐磨材料来说，吹氩精炼还是一种比较简易和实用的技术措施并有良好的性能改善效果（图 3-16）。

3. 钢铁液体变质处理

近些年来，钢铁液体的变质处理有了较快的发展。实践证明，采用在钢铁液体中加入各种净化剂和变质剂达到无和少合金或简化、减少热处理工序是当前一

(a)   (b)

图 3-16　某厂采用的盛钢桶精炼法［LF(V)］的实际照片

(a) 盛钢桶精炼法炉盖；(b) 盛钢桶精炼法底吹装置

种可行的简便和有效的措施。在钢铁液体中应用各种孕育剂、球化剂、净化剂和变质剂已有多年的历史和许多成功的经验，其作用有共同之处，也有比较明显的差别。

变质剂是通过在钢铁液体中加入含一种或多种微量元素和合金的物质（或纳米材料），达到改善钢铁材料组织和性能目的的技术措施；各种变质剂所起的基本作用为：强制和最终脱氧、纯净钢铁液体，形成和增加结晶核心细化晶粒结构，改变凝固后基体、共晶体、碳化物或石墨等组织形态，形成均匀分布的硬质点，阻碍晶体滑移和磨损等。各种变质剂基本可分为三大类：

(1) 以各种合金成分为主体的钢铁液体的孕育剂或净化剂（Si、Ti、B、Si-Ca、Al、Mg、Na、K 等）；

(2) 以各种稀土元素为主体的变质剂（Ce、Nb、La 等）；

(3) 以分散尺寸极细并有巨大表面能的纳米材料为主体的特种添加剂——纳米变质剂（TiN、SiC、TiC 等）。

通常，在钢铁耐磨材料强化过程中提高硬度必然伴随韧性下降，但由于纳米合金变质剂的高表面活性以及它在细化晶粒过程中同时起到弥散硬化作用，所以经常能够达到同时提高合金硬度及韧性的综合效果。

由于纳米材料的细小和活性，如何将纳米粒子加入到钢铁材料液体中去并仍能保持它原来的特性始终是一个非常困难的课题，对纳米材料的应用一直受到一定的制约。其中，可以采纳的加入方法有：粉末粒子直接加入法（吹氩带入）、制备成中间合金纳米变质剂和喂丝法。通过大量的实验及实践工作，目前已基本解决纳米粉体在金属中如何引入、分散以及微观测定技术等问题。表 3-2 为加入纳米中间合金后高锰钢 ZGMn13Cr2 冲击功（J/cm²）的变化[12]。

表 3-2　加入纳米中间合金后高锰钢 ZGMn13Cr2 冲击功（J/cm²）的变化[12]

单位 \ 项目	原样	TiN3-1	TiN3-2	SiC1-1	SiC1-2
1	214	276	236	236	280
2	130	210	—	195	—
3	140	170	—	—	—
4	143.3	161.3		209.3	

由表 3-2 数据可以看出：

（1）加入纳米中间合金后，晶粒度明显变细；

（2）高锰钢铸态和热处理后，冲击功都有较大幅度上升，提高幅度一般在 7%～81%，多数在 30% 以上，铸态韧性有更明显的提高；

（3）因采用炉底吹氩净化钢水工艺及造渣、脱氧等一系列措施，钢水洁净程度高，原样的冲击功达到 214 J，比国家标准规定 118 J 高出 81.35%；加入纳米中间合金后分别达到 236 J、276 J、280 J，分别超过国家标准 100%、132.2%、137.2%。

图 3-17 为某厂生产的高锰钢加入纳米变质剂后 100 倍晶粒度照片对比；图

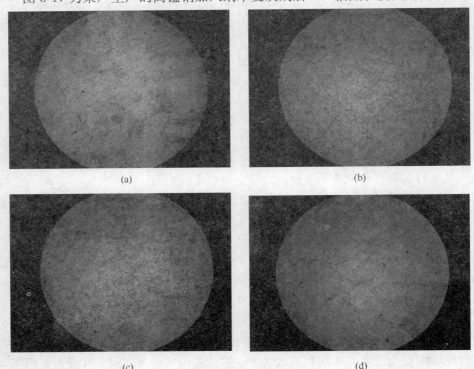

(a) (b)

(c) (d)

图 3-17　某厂高锰钢 100 倍晶粒度照片对比[12]
（a）原样；（b）加入 TiN3-1；（c）加入 TiN3-2；（d）加入 SiC1-2

3-18 为某厂工程机械钢金相组织对比；图 3-19 为 高铬铸铁加入纳米变质剂后的组织变化；图 3-20 为含碳化物等温淬火球墨铸铁（CADI）加入纳米变质剂基体组织的效果对比；图 3-21 为球墨铸铁加入纳米变质剂前后石墨球大小和数量的效果对比[10]。可以看出：在钢铁液体中加入纳米变质剂，对改善耐磨材料基体组织和晶粒度细化都有明显的效果。随着水泥矿山用户对耐磨铸件的性能要求越来越高以及各种变质剂的完善和成功应用，钢铁液体的净化处理将是提高耐磨材料性能的主要措施和重要手段。尽管纳米变质剂在净化钢铁液体以及细化晶粒方面有比较明显的效果，由于加入成本以及生产工艺尚需进一步完善，这项工艺目前还停留在实验室研究和初步推广阶段。

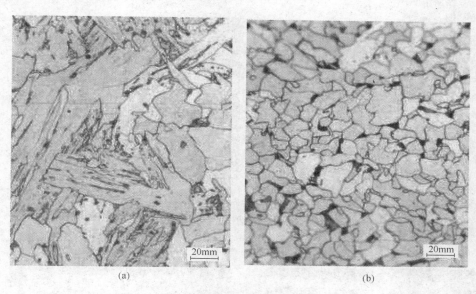

（a）   （b）

图 3-18　某厂工程机械钢金相组织对比
（a）原试样；（b）加 TiN 纳米粉试样形貌（500×）

3.2.3　新型耐磨材料品种的发展

常用的耐磨材料通常为钢铁金属类，其中，有悠久历史的高锰钢和各种高中低合金钢。还有就是典型的以铬系为主体的各种高中低铬白口铸铁耐磨材料。其中，铸造磨球材料目前大量采用的是：低铬和高铬耐磨白口铸铁，奥、贝球铁和含碳化物的奥铁体球墨铸铁（CADI）以及铬锰钨耐磨铸铁等。在这些磨球生产过程中，除低铬铸铁磨球采用消除应力的高、低温回火处理外，其他各种耐磨铸铁材料都需要经过严格的热处理才能保证其性能指标。表 3-3 为各种耐磨铸铁磨球材料目前采用的热处理工艺和要求的性能指标。由于低铬铸铁磨球的硬度和韧性较差，尽管它在我国耐磨材料应用历史中起到了不可磨灭的重要作用，但近几

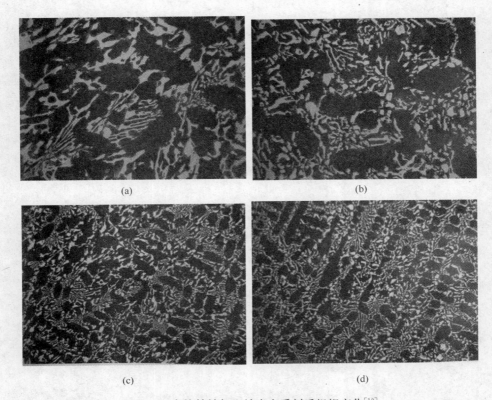

图 3-19 高铬铸铁加入纳米变质剂后组织变化[13]

(a) 原样 500×；(b) 加入纳米变质剂 500×；(c) 原样 200×；(d) 加入纳米变质剂 200×

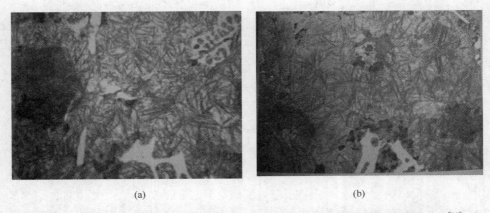

图 3-20 含碳化物等温淬火球墨铸铁（CADI）加入纳米变质剂前后的效果对比[13]

(a) 原样 500×；(b) 加入纳米变质剂 500×

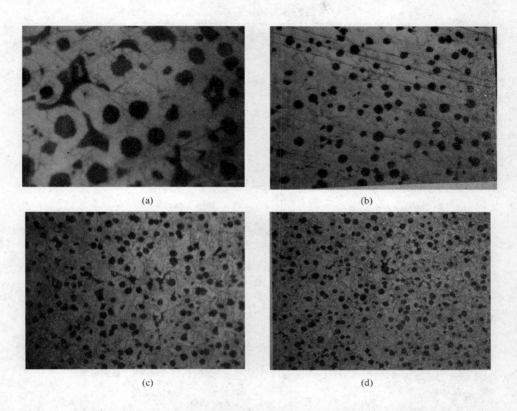

图 3-21　球墨铸铁加入纳米变质剂前后石墨球大小和数量的效果对比[13]
(a) 原样；(b) 加入纳米变质剂；(c) 原样；(d) 加入纳米变质剂

年的发展趋势是：它将逐步被高铬铸铁和各种球墨铸铁磨球材料所替代。由于我国铬资源的缺乏，大量采用高铬铸铁磨球的现状也必然会造成将来地球中铬资源的严重浪费，它的成本和应用可能受到今后铬铁合金价格波动的制约作用会越来越明显。因此，从资源节约的角度和长远的经济因素考虑，高铬铸铁磨球也不是一种可以长远应用和最经济的耐磨合金材料。今后耐磨材料的发展趋势将是：尽可能采用少和低合金材料，通过最佳的热处理工艺以及表面合金化的手段提高耐磨材料的性能，逐步替代单纯依靠昂贵合金化的传统措施。表 3-3 为国内目前采用的各种铸造磨球的热处理工艺和性能[14]。

　　最近，国内在重点要推广的是一种高效新型的等温淬火或淬火回火的球墨铸铁耐磨材料（奥贝球铁或 CADI 磨球和耐磨铸件）。其主要特点是：合金含量少，通过对石墨球化处理和热处理手段来提高它的综合性能以满足使用要求。这种材料尤其是在制作球磨机磨球产品上具有明显的优势。

表 3-3　国内目前采用的各种铸造磨球的热处理工艺和性能[14]

磨球材料	高铬白口	低铬白口	CADI 球铁	奥、贝球铁	铬锰钨铸铁
主要成分	Cr=10%～15%	Cr=1%～3%	Cr=1.0%～2.0% Mn=1.0%～3.0%	Si=3.0%～4.0% Mn=1.0%～3.0%	Cr=10%～22% Mn=2.5%～3.5% W=0.1%～2.5%
现行热处理工艺	淬火油油淬回火	高、低温回火	盐浴等温处理	水玻璃介质淬火回火	空冷
表面硬度	HRC≥56	HRC≥45	HRC≥56	HRC≥50	HRC≥56
冲击韧性	≥3J/cm²	≥2J/cm²	≥10J/cm²	≥10J/cm²	≥2J/cm²

奥贝球铁和 CADI 磨球实际应用效果是：

（1）不破碎、不失圆、不剥落；

（2）磨球表面加工硬化能力大，耐磨性好；

（3）磨球密度小，节省球磨机电能消耗；

（4）降低周围环境噪声；减少球磨机周边设备和零部件的磨损。

图 3-22 为低铬磨球和 CADI 磨球应用情况对比[15]。由图可见，低铬铸铁磨球

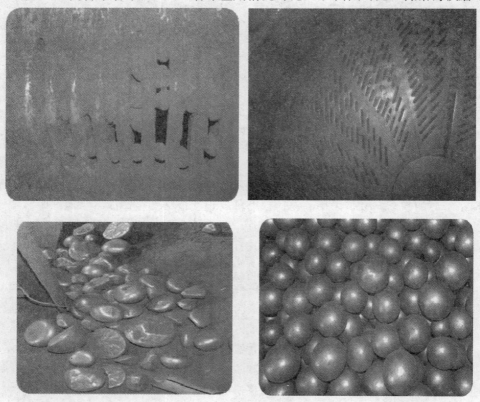

图 3-22　低铬磨球（左侧）和 CADI 磨球（右侧）应用情况对比[15]

在使用过程中很容易产生破碎、失圆和堵塞隔窗板严重影响研磨效率的缺陷,使用CADI球墨铸铁磨球以后,不破碎、不失圆,也不堵塞隔窗板,磨耗大大降低。

图 3-23 为用于高铬铸铁磨球热处理的台式炉和单排推杆式连续淬火炉照片;图 3-24 为高铬铸铁磨球油淬处理过程实际照片。

(a)　　　　　　　　　　　(b)

图 3-23　用于高铬铸铁磨球热处理炉

(a) 台式热处理炉;(b) 单排推杆式连续淬火炉

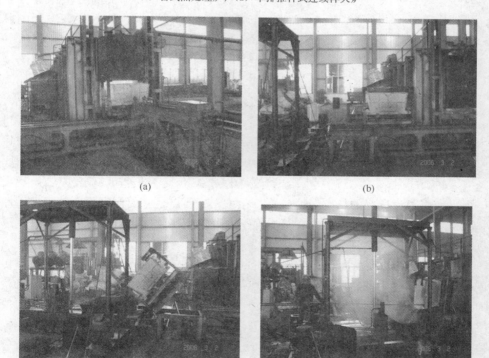

(a)　　　　　　　　　　　(b)

(c)　　　　　　　　　　　(d)

图 3-24　高铬铸铁磨球油淬处理过程实际照片

(a) 准备出炉;(b) 料筐推入轨道;(c) 翻转;(d) 磨球倒入油池

在耐磨铸件的各种淬火热处理工艺中，等温淬火热处理是一种获得最佳金相组织的热处理工艺。传统的等温热处理工艺主要是通过将铸件加热到奥氏体化温度后淬入到一定温度下的盐浴介质中，经过一段时间的恒温处理，可获得一种贝氏体组织或奥铁体的混合组织，它在同样硬度水准下具有更高的韧性和综合性能。近些年来，通过盐浴介质等温热处理的生产工艺以及设备已经越来越完善，这对采用等温热处理来提高耐磨铸件的性能并替代一些高合金化耐磨铸造材料提供了许多有利的条件和可能。最近发展起来的 CADI 和奥、贝球铁等新型优质耐磨材料就是在此基础上发展起来的。但是，采用传统的盐浴介质来等温淬火在环保、生产成本和生产效率等方面依然存在着许多无法避免的问题和缺陷。特别是对于球磨机磨球这样一种需求量较大和产品附加值较低的产品来说，寻求一种更理想和更经济的等温热处理工艺手段和连续式的热处理生产设备并保证耐磨铸件材料的性能，一直是从事耐磨行业研究工作者当前的努力方向和趋势。

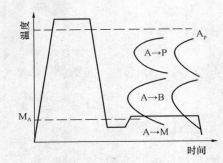

图 3-25　分级淬火等温热处理
工艺原理示意图

为了获得比较理想的贝氏体组织，可通过对铸件进行分级淬火的方法来完成整个等温淬火的热处理过程。分级淬火的基本原理是：将铸件加热到奥氏体化温度并经过一定时间保温以后，投入到一定浓度和温度的淬火介质中淬火到表面达到 Ms 点以下温度后取出，在空气中保持一定时间，再放到保持一定温度的热空气炉中进行等温处理（图 3-25）[14]。分级淬火采用的淬火介质可以是水基介质、淬火油或盐，其中以水基介质为最佳。等温炉热处理设备可以采用对流良好的热空气炉或流态化炉。其要点是：要根据不同铸件的壁厚和形状选择合适的出水温度并在基本保持内外温度一致的条件下进入保温炉内进行等温热处理。

分级等温淬火与盐基等温淬火的不同点在于：前者是先冷却和淬火，然后再进行等温处理；后者是在一定温度的盐浴中淬火并连续冷却条件下进行等温转变的。水基分级等温淬火可利用在普通的自然水中加入不同浓度的添加剂（J1 或 J2）来控制铸件在水基介质中的冷却速度，同时在淬火后迅速放到等温炉中完成整个热处理过程的一种新型热处理工艺。一般情况下，盐浴等温热处理工艺比较稳定，但生产成本高、生产效率低。水基分级淬火热处理的控制因素比较复杂，但操作简便、设备简单，成本低，便于磨球这样的产品大量生产应用。

表 3-4 采用水基介质分级等温淬火高温出水温度对磨球性能的影响[14]。

表3-4　采用水基介质分级等温淬火高温出水温度对磨球性能的影响[14]

磨球规格 （mm）	水基淬火介质	稳定后球温 （℃）	淬火硬度 （HRC）	心部硬度 （HRC）	冲击值 （J/cm²）
φ127	J—2#	250	60.87	55.3	6.09
		245	64.8	59.5	5.8
		236	63.22	59.03	4.736
φ120	J—1#	216	64.4	64.13	4.847

对高铬铸铁磨球利用淬火油进行分级淬火和等温热处理在我国磨球生产厂中已经得到成功应用，并已制备出一种分级等温热处理的专用磨球生产线（图3-26）。实践证明，这种新型热处理工艺在保证磨球硬度和耐磨性的前提下，其冲击韧性和抗破碎能力以及实际运转中磨球的耐磨性都有明显改善。利用水基液体作为淬火介质的分级等温淬火工艺来处理高铬铸铁磨球以及球墨铸铁磨球的试验结果表明：它在许多方面比用淬火油或盐浴等温热处理具有更优越的性能以及更好的环保条件。表3-5为分级淬火与盐浴等温淬火工艺生产成本的大致比较[14]。

图3-26　油淬分级等温淬
火热处理生产线

表3-5　对磨球进行分级淬火与盐浴等温淬火工艺生产成本的比较[14]

淬火方式	连续式热处理设备费用 （年产1万吨）	运行费用 （元/t）	生产效率	环保条件	控制因素
盐浴	高（300万～400万元/台）	800～1000	低	有污染	稳定
分级	低（200万～250万元/台）	400～600	高	无污染、安全	需严格控制

由于高锰钢铸件必须在良好的外界冲击加工硬化条件下才能发挥其耐磨效果，在许多情况下，特别是在湿磨和软磨料的工况条件下的耐磨件使用寿命普遍较低，而普通的中低合金钢和高铬铸铁在高硬度条件下，冲击韧性不能满足使用要求，所以，近些年来，等温淬火球磨铸铁及ADI奥铁体耐磨材料在应用于大直径磨球、衬板、颚式破碎机齿板、渣浆泵零件以及铲齿等都表现出良好的应用前景。随着等温热处理工艺和水基介质分级等温淬火的新工艺和装备的日益完善和应用，这种等温淬火球墨铸铁新型的耐磨材料将会大幅度地降低生产成本和改

善环保条件，它的应用前景将更加广阔和被更多的用户所接受。图 3-27 为采用 ADI 耐磨材料制作球磨机衬板和齿板的实际照片。

(a)   (b)

图 3-27　采用 ADI 耐磨材料制作球磨机衬板和齿板的实际照片

　　这里特别要强调的是：这种等温淬火球磨铸铁及 ADI 奥铁体耐磨材料在水泥工业中的应用前景。由于近些年来水泥装备中使用球磨机的用量日益减少，相应的磨球需求量会越来越少。同时，由于在水泥工业中大量采用干法生产工艺和性能较好的高铬铸铁磨球，磨耗已经下降到 20 g/t 以下。所以，磨球耐磨材料性能的改善对水泥工业降低成本已经没有什么太大的意义，但是，要强调指出的是：水泥工业球磨机中装入磨球的总量较大，因此球磨机运转和研磨过程中的电耗和噪声是首要关注的因素。由于球墨铸铁磨球的比重较轻（约 7.1kg/cm³），比普通高铬铸铁磨球要轻 8 ％左右，因此，在同样装球体积和填充率的情况下，球磨机的运转负荷和电流要小得多，所以，它的节电效果是非常明显的。一般在矿山选矿厂使用的球磨机可节电 10％～20 ％，预计在水泥工业中会有更好的节电效果。当然，由于磨球的比重轻也会在一定程度上降低磨球的撞击势能和影响球磨机的研磨效率，这时需要适当调整磨球的直径和配比来弥补，其最终还是能取得良好的结果的。

3.2.4　机械化和自动化的生产技术

　　最近这些年来，在耐磨行业特别是比较完善的大中型企业在耐磨铸件生产过程中，手工作业的情况已经逐渐被机械和自动化生产线所代替。这样，不仅大大提高了劳动生产率，改善了操作工人的劳动强度和环保条件，而且，耐磨产品的生产质量和品质得到了明显提高和稳定。这也成为水泥和矿山广大用户选择耐磨企业和产品的原因。

　　球磨机磨球是耐磨行业生产的主要产品。其特点是需求量大、大小直径不等（φ20～150mm）、品种较多、劳动量大、附加值低。对于这类产品采用机械化和自动化生产尤其显得重要和必要。特别是随着用户对产品质量和稳定性的需求越来越高，国内劳动力越来越紧张，企业实现机械化和自动化的条件和球磨机磨球和磨段的生产技术也越来越成熟。因此，近些年来，采用磨球和磨段机械化和半机械化生产线的厂家发展很快。目前，比较成熟的铸造磨球机械化的生产技术是：大直径磨球（$\phi > 60mm$）采用保温包定位浇注的金属型半或全覆膜砂机械化生产线（图 3-28）；小直径磨球（$\phi < 60mm$）和磨段采用潮模砂垂直分型挤压造型线来生产（图 3-29），一条生产线年产量可达 $5000 \sim 10000t$ 不等。新型的金属型覆膜砂机械化生产线还可以满足在同一条生产线上生产不同直径的磨球。表3-6 为耐磨铸件依据覆膜砂全覆砂、金属型半机械化生产线系列和手工作业制球经济成本对比[16]。

图 3-28 生产大直径磨球的
金属覆膜砂机械化生产线

图 3-29 潮模砂垂直
分型挤压造型线

表 3-6 三种生产方式成本对比（$\phi80$ 铸球）（元/t）[16]

序号	主要成本项目 名称单位	单价（元）	手工作业制造		覆膜砂全覆砂生产线		金属型半机械化生产线	
			数量	金额	数量	金额	数量	金额
1	覆膜砂（kg）	1	—	—	210	210	—	—
2	黏土水玻璃砂（kg）	0.15	140	21	—	—	140	21
3	装机容量（kW）	—	—	—	276	—	20	—
4	动力消耗（kWh）	0.60	—	—	150	90	15	10
5	模具费用（元/t）	—	—	30	—	15	—	90
6	恒温浇注包塞杆					25		
7	设备维修费用					7		5

续表

序号	生产线类别 主要成本项目 名称单位	单价 （元）	手工作业制造		覆膜砂全覆砂 生产线		金属型半机械化生产线	
			数量	金额	数量	金额	数量	金额
8	操作工	—	6		8～10		5	
9	台时产量（kg/h）	—	700		2600		1000	
10	人均台时产量 [kg/（h·人）]	—	117		280		200	
11	吨产品工资 [15元/（h·人）]	—		128.57		51.92		75
12	工艺出品率（%）	—	75～80		75～80		75～80	—
13	小计			179.57		398.92		201

注：吨产品工资的计算方法（人数×15元/h÷台时产量）

从表 3-6 可以看出，金属型铸球生产线生产成本和覆膜砂铸球生产线生产成本高于手工制造成本 200～300 元/t，但覆膜砂铸球生产线生产效率最高。用户可根据自身的条件（生产规模、产品规格、资金条件、市场前景、场地、电力配备），来选择铸球生产线的配置，充分发挥铸球生产线的生产效能。

图 3-29 为生产磨段用的另一种多功能滚筒式的铸锻机[17]。它比早期的手工

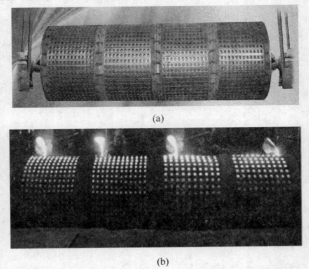

(a)

(b)

图 3-29 "铸峰"牌半机械化激冷金属型连续铸锻机[17]

(a) 铸锻机装置；(b) 实际浇注铸锻照片

生产的圆筒式铸锻机有了很大改进，生产效率和铸锻产品质量大大提高。

3.2.5　耐磨铸件铸造生产工艺的选择

传统的铸造生产中，砂型铸造的应用最为广泛，世界各国用砂型生产的铸件占铸件总产量的 80% 以上。耐磨铸件的造型材料和工艺对铸件的表面质量以及可能产生的铸造缺陷有很大的影响。采用哪种造型型砂和铸造工艺与耐磨铸造厂的生产规模、耐磨铸件的类型以及对产品质量的要求有关。

在一些小型的耐磨铸造厂家，目前大多还是采用简单的手工造型和传统的铸造工艺来生产。这些简易的铸造工艺虽然生产成本低，容易上马。但是往往铸件的表面质量较差，仅仅适合于一般普通耐磨铸件的生产。由于耐磨铸钢件对型砂的耐火度要求更高，型砂中新砂的比例比铸铁件要高，而且一般都需要采用面砂和涂料来保证其表面。

1. 传统的手工造型砂型工艺

传统工艺生产耐磨铸铁件采用黏土（膨润土）硅砂或石灰石砂（70 砂），用手工方法、湿法造型，浇铸铸件后型砂经过简单的筛选即可回收使用。这种工艺，砂子的回收率高、成本低、适用于机器造型，多用于单件大批、大量的中小件。自从水玻璃 CO_2 吹气硬化法 1947 年问世以来，该工艺有了很大的发展并在耐磨铸件行业得到较多的应用。水玻璃 CO_2 吹气硬化法有气硬法造型和制芯的各种优点，但传统的水玻璃 CO_2 吹气硬化型砂中加入的水玻璃量过多，导致溃散性差，旧砂再生困难等问题，使其应用受到很大的限制。

这种传统手工造型工艺常用来生产高锰钢衬板等耐磨铸件。其优点是：方法简便，工艺容易掌握，生产成本低；缺点是表面质量差，砂处理再生回收困难。另外，石灰石砂极易产生气孔和产生的 CO 对人体健康有严重危害；特别是生产常用的高锰钢耐磨件，表面很容易产生严重粘砂等铸造缺陷；由于水玻璃砂的溃散性差，如果不采用复杂而庞大的砂处理工艺将无法使旧砂回收，造成严重的环保问题。图 3-30 和图 3-31 为某厂的铸件表面严重粘砂以及车间堆积的旧砂现场照片。

图 3-30　铸件表面严重粘砂照片　　　　图 3-31　车间堆积的旧砂照片

近几年来，为了改善水玻璃砂的性能，在原来传统的水玻璃砂的基础上也开发了一些新型水玻璃砂。目前已有烘干硬化法、自硬法等造型工艺，在改进水玻璃的性能、CO_2 的吹气方法以及改善溃散性等方面作了许多改进工作，同时，一些比较成功的水玻璃砂旧砂再生工艺和设备也日趋完善。有的耐磨铸件厂采用了各种性能较好的涂料来改善高锰钢铸件的表面质量（图 3-32）。

(a)　　　　　　　　　　　(b)

图 3-32　用水玻璃砂刷涂料方法改进铸件表面质量
（a）在铸型表面刷涂料并烘干；（b）浇铸的大型锤头铸件

2. VRH 法（真空置换硬化造型法）

VRH 法亦称真空置换硬化造型法，它是在水玻璃砂 CO_2 吹气硬化法的基础上发展而成的，其基本做法是对通常的水玻璃砂造型后在吹 CO_2 之前，先对水玻璃砂型抽真空，这样，由于砂粒间的空气被抽走，使吹入的 CO_2 与水玻璃的作用"效率"大大提高，从而可以显著降低水玻璃和 CO_2 气的加入量，达到降低造型成本的目的，同时也促进了浇注后型砂的溃散性，此法的主要特点是：

（1）水玻璃的加入量少

在型砂中水玻璃量为 2.5%～3.5% 时，抽真空后吹 2 min 后的砂型强度即可达到 1～2 MPa 并可立即浇铸；

（2）能显著提高铸件的表面质量

由于 VRH 法实行先硬化后起模的工序，而且因为水玻璃的加入量减少，砂型（芯）在高温下变形减少，有利于提高铸件尺寸精度和表面光洁度；同时，由于硬化后的砂型（芯）水分含量低，铸件的气孔、针孔等缺陷相应减少；

（3）成本降低

能降低造型材料费用，减少水玻璃和 CO_2 量，因此，每吨铸件能节约型砂费用 15%～20%。

此法比较适合于传统的 CO_2 水玻璃砂工艺的老车间技术改造。花钱少、见效快，但难以克服老工艺铸件表面质量较差的状况，目前主要应用于中、小批量的铸钢件生产。

1994 年，我国宁国耐磨材料总厂从日本新东株式会社引进了一条比较先进的真空置换硬化法（VRH）生产线用来生产球磨机衬板等耐磨铸钢件；宝鸡桥梁厂用 VRH 法生产高锰钢道叉等有较好的效果。

真空置换硬化法（VRH）的缺点是：设备投资较大，固定尺寸的真空室不能适应过大或过小的砂箱或芯盒。另外，这种工序仍然要采用一定数量的水玻璃粘结剂，其旧砂回用的砂处理设备庞大而昂贵，这些因素在近些年来限制了它的应用。

3. 树脂砂造型

树脂砂造型是指常温下用树酯类作为粘结剂与固化剂作用发生化学反应而固化型砂的一种造型工艺。我国铸造用树脂的生产已经有 40 多年的历史了，特别是在 20 世纪 90 年代后期，我国铸造用树脂进入了一个新的发展阶段。目前，铸造用树脂的品种、性能、质量以及技术服务等都有了很大提高。图 3-33 为树脂砂造型线和铸件照片。

(a)　　　　　　　　　　　　　　(b)

图 3-33　树脂砂造型线

（a）树脂砂造型线输送轨道；（b）反转机构

树脂砂的基本优点是：

（1）有较高的生产率。砂型不用烘干，缩短了生产周期，造型起模后即可硬化成形，便于满足机械化和自动化的要求；

（2）与普通水玻璃砂造型相比，可大大提高铸件的外观质量和尺寸精度；

（3）型砂流动性好，易做形状复杂的铸件，浇注后砂子溃散性能好，落砂清理方便；

缺点是：

（1）对原砂质量要求高；树脂等粘结剂成本较高，也需要有一套复杂的砂再生设备配套；

（2）生产时有一定量的刺激性气体逸出，影响操作环境。

4. 真空密封造型法（V 法）

真空密封造型法又称真空薄膜造型法、减压造型和 V 法造型。真空密封造型法是借助真空吸力将加热后呈塑性的塑料薄膜覆盖在模样上，然后在特制的砂箱内填入无粘结剂的干砂，再用塑料薄膜将砂型覆盖在砂型顶面密封。由于在真空负压条件下，借助砂型内外压力差，使砂型紧实，然后除去吸膜的真空，起模后制成砂型，下芯、合箱后即可浇铸，待铸件全部凝固后，除去砂型的真空，砂型自行溃散，取出铸件。砂子经输送系统回收使用。图 3-34 为真空密封造型（V 法）生产衬板造型工序和铸件的照片。

真空密封造型法的主要特点是：

铸件的尺寸精度高、表面光洁。由于可使用极细的型砂，模样和薄膜之间的摩擦阻力和间隙小，起模容易；铸型表面硬度高，因而铸件表面光洁。

造型成本低。V 法造型只用单一干砂，无需任何粘结剂、水和附加物，大大简化了砂处理工作。旧砂只要过筛和冷却后即可回用，回收率可达 95% 以上。可节省模具费用和劳动工时；作业环境好。其综合效果、造型成本比水玻璃砂造型降低 20% 以上。

铸件质量好、砂型在负压下浇注，金属液充型性能好，几乎无气孔、缩孔等铸造缺陷，铸件尺寸精度亦高；

提高钢水利用率。因在负压下浇注，冒口补缩效果好，可减小冒口。

投资省。造型及砂处理设备简单，车间面积利用率高，设备及基建投资可以大大节省。

V 法造型的使用也有一定局限性。主要是造型生产率不可能太高，并不适合于大批量流水生产的铸件；另外，生产过程中不允许停电；生产的铸件形状不能太复杂，起模深度大或内腔形状复杂的铸件不适宜用此法。因在负压下浇注，铸型排气充分，型腔金属液流阻小，故特别适合浇注板状类厚大铸件。高锰钢球磨机衬板类铸件是此法生产的典型品种之一。

5. 实型铸造（消失模）法（EPC 法）

实型铸造法又称气化模、消失模和无腔铸造法和 EPC 法等。和传统的熔模精密铸造不同，实型铸造法是采用泡沫塑料制作模样，造型时模样不取出，形成无腔型铸型；浇铸时在高温金属液的作用下使泡沫塑料气化和消失并从型腔中被抽走，金属液代替原泡沫塑料模样，凝固冷却形成铸件的一种铸造方法。

实型铸造与普通铸造的根本差异在于它没有型腔和分型面，使铸造工艺发生了重大变革，进入上世纪 90 年代以来，采用此法生产各种铸件的厂家，全国已有近百家，2000 年年产消失模铸件产量达 50，000 t，其中生产耐磨类铸钢件的厂家也多达十几家。与其他几种造型新工艺相比，其主要特点是：

图 3-34 真空密封造型（V法）生产衬板造型工序和铸件[11]

（a）准备模型；（b）平铺塑料薄膜；（c）刷涂料；（d）准备填砂；（e）分别造上、下型；（f）真空泵装置；（g）造型完毕，合箱等待浇铸；（h）浇铸落砂后状态；（i）用V法工艺浇铸的高锰钢齿板；（j）用V法工艺浇铸的高锰钢衬板

（1）铸造工艺的可行性和设计自由度大大增加

由于实型铸造突破了分型、起模的传统铸造工艺界限，使模样可以按照使用要求设计和制造出各种复杂结构和形状的铸件。

（2）大大简化了造型工序

由于取消了复杂的造型材料的准备过程和繁杂工序，使造型效率提高2～5倍；生产率高，劳动条件好。

（3）铸件表面质量好

铸件质量与Ｖ法和树脂砂造型相比，具有同样的铸件表面光洁度，铸件没有披缝，外形、内孔更光洁。

实型铸造主要适用于高精度、小余量和复杂形状的大批量及单件生产。与其他的传统铸造方法相比，由于这是一种全新概念的造型与浇注方法，生产的铸件表面质量明显改善，因此，这种工艺最近有很快的发展和应用。图3-35为实型铸造的制样过程以及实际生产铸件的照片。在耐磨材料的铸造行业里，也有一些厂家采用实型铸造方法来生产磨球和衬板一类产品。

由于实型铸造铸件模样及浇冒口系统设计以及负压抽气等工序有一定的技术

（a）　　　　　　　　　　　　　　（b）

（c）　　　　　　　　　　　　　　（d）

图3-35　实型铸造的制样过程以及实际生产铸件的照片[11]

（a）实型铸造的生产线；（b）板块白模；（c）圆形白模；（d）铸件实物照片

含量和实践调试经验的积累，在耐磨行业中，单品种批量很大的耐磨铸件并不多。另外，泡沫塑料模样在浇铸过程中会气化，如控制不好，容易增碳以及产生气孔和针孔等铸造缺陷。因此，实型铸造在投产时的调试周期相对来说较长；对批量较大的生产铸件，其金属模成型模样的制作费用相对较高；对于形状复杂的单件、小批量铸件的模样手工制作亦有一定难度且很难保证其尺寸精度，对于如磨球这类表面光洁度与尺寸精度要求并不很高的耐磨产品，采用实型铸造这种生产工艺，尽管可以提高其生产效率，一次浇铸可以浇出很大数量的磨球；但是，由于它的补缩条件较差，磨球的冷却速度太慢，生产出来的磨球往往会出现内部气孔以及晶粒粗大等缺陷，影响它的使用。因此，在耐磨材料行业中普及推广此法受到一定的限制，其综合经济效果也可能受到一定影响。

以上四种新的造型生产工艺均是在 20 世纪七、八十年代之后开发、研究、引进和发展起来的。可以得出如下结论：

（1）现用的传统的 70 砂或硅砂的水玻璃造型方法是单件小批生产时采用的造型旧工艺，应该加以改进或淘汰；

（2）VRH 法是在原水玻璃砂 CO_2 吹气硬化方法的基础上发展起来的，与传统的老工艺变化不大，只是节省了水玻璃和 CO_2 气的用量，但铸件的质量与档次不能明显提高，砂再生等设备也较庞大；

（3）树脂自硬砂造型生产衬板类耐磨件、铸件表面质量可上一个等级，且衬板、铲齿、履带板及其他低合金铸铁件等均可以生产，但考虑到上述零件形状相对简单，采用树脂砂造型，因粘结剂、固化剂等辅助材料用量大，价格昂贵，会使造型成本明显上升，因此相对于 V 法和消失模法，其优越性就不甚明显，目前在同行业中的应用已渐少；

（4）真空密封造型（V 法）和消失模（EPC），因各有特色，且两者在国内同行业中目前亦多有应用，但对这两种新工艺应该努力掌握其工艺，使其能真正生产出高质量的铸件。

表 3-7 为耐磨铸件各种典型生产工艺优、缺点的综合比较[11]。

表 3-7　耐磨铸件各种典型生产工艺优、缺点的综合比较[11]

项目	石灰石砂	水玻璃砂吹 CO_2	树脂砂	真空置换法（VRH）	真空密封造型法（V）	实型铸造法（EPC）
表面质量	差	差	较好	较好	好	最好
环保	差	差	差	较差	最好	较好
旧砂回收	差	差	差	较差	好	好
设备投资	少	少	中等	最大	较大	大
生产成本	低	低	高	较高	低	较高

6. 耐磨铸件的质量检验

耐磨铸件质量检验是铸件生产过程中不可缺少的环节,其目的是保证铸件质量符合交货验收条件。耐磨铸件质量检验的依据是:铸件图、铸造工艺文件、有关标准及铸件交货验收技术条件。普通铸件质量包括铸件的外观质量和铸件的内在质量。铸件外观质量包括:铸件尺寸公差、铸件表面粗糙度、铸件重量公差、浇冒口残留量、铸件焊补质量和铸件表面缺陷等;铸件内在质量包括:铸件力学性能、化学成分、金相组织、内部缺陷,以及其他特殊的物理化学性能要求等。对于作为耐磨用途的铸件来说,除了考虑一般的铸件验收要求以外,为了达到铸件在使用过程中耐磨的目的,会重点提出某些性能和检验要求(硬度、韧性、破碎率),而忽略或减轻另一些技术要求(重量、尺寸或表面缺陷),这就需要在订货和生产过程中预先明确规定一些特殊要求和验收标准,或者也可直接参照已经实施的国家和行业技术标准来执行。

在确定了用户同意的验收技术标准以后,生产工厂就要确定自己的企业标准和具体质量控制的规范和程序以及内部验收标准。根据铸件质量检验结果,通常将铸件分为三类:合格品、返修品和废品。合格品指外观质量和内在质量符合有关标准或交货验收条件的铸件;返修品指外观质量和内在质量不合格但经过返修可以达到标准和验收条件,并且返修经济成本合算的铸件;废品是指外观和内在质量不合格,不允许返修或返修后仍达不到标准和验收条件的铸件。

根据原机械工业部基础产品行业内部标准 JB/JQ 82001—1990《铸件质量分等通则》规定:合格品又可按质量等级(分等指数)细分为合格品、一等品和优等品 3 个质量等级。合格品为外观质量和内在质量符合现行国家标准或行业标准,生产过程和质量稳定,用户评价良好的铸件;一等品为用户评价达到国内先进水平的铸件;优等品为达到国际先进水平,在国际市场上有竞争能力的铸件。目前,对于耐磨铸件等级的评定还尚未有一个统一的或得到大家公认的标准,这些工作需要通过国家有关部门以及行业协会来逐步完善。

对于废品来说,也可分为内废和外废两种。内废是指在铸造厂内发现的废品铸件;外废指铸件在交付后机械加工、热处理甚至在使用过程中才发现的废品。这种废品不仅可能会给用户造成很大的经济损失,同时也使企业的信誉受到很大的影响。为了尽可能减少外废,应该通过科学和严格的质量控制系统和完善的质量检验和管理制度,尽早使成批生产的铸件在出车间或工厂之前及时的发现潜在的铸造缺陷,并采取必要的挽救措施。

为了保证耐磨铸件质量,减少废品率,铸件生产工厂需要尽可能采用一些先进适用的铸造工艺和设备,配备完善的检验手段和测试仪器以及责任心强、经验丰富的专职铸件质量检验人员。

根据铸件的生产规模、生产方式、重要程度、铸造工艺的成熟和稳定程度及检验项目的不同，铸件质量的检验方式可采取全检和抽检两种不同的检验方式。所谓全检，就是逐个检查所生产的全部铸件的质量，这种检验方式通常适用于单件、小批生产或试生产，或用于特殊用途的重要铸件的关键质量项目。例如，高压容器类铸件、军工用的铸件等。对于成批或大量生产的铸件，在工艺稳定的前提下，可以抽检部分铸件的质量，即每批或每隔数批随机抽取规定数量的样品铸件或试样，组成样本。根据对样本质量的检查结果，判定其所代表的整批或数批铸件的质量。在大量生产条件下，也可在流水线上按随机抽样原则，每隔一定周期（时间或数量），抽取样品铸件组成样本，进行质量检验。这种检验方式可及时反映流水线上生产铸件的质量状况、生产工艺稳定程度及设备运行的情况，及时发现并解决生产中存在的问题。

1）耐磨铸件外观质量检验

耐磨铸件外观质量检查包括铸件形状、尺寸、表面粗糙度、重量偏差、表面缺陷、表面硬度和断口质量等。铸件外观质量检验通常不需要破坏铸件，只是借助于必要的量具、样块和测试仪器，用肉眼或低倍放大镜即可确定铸件的外观质量状况。

（1）铸件形状和尺寸检验

铸件尺寸的检验，就是指生产的耐磨铸件的实际尺寸是否在铸件图和铸造工艺文件规定的铸件尺寸公差范围内。对未注明铸件公差的尺寸可按其"铸件尺寸公差"等级来确定（参照国家标准 GB/T 6414—1999《铸件 尺寸公差与机械加工余量》）。表 3-8 为建材行业标准《建材工业用铬合金铸造磨球》JC/T 533—2004 中规定的 16 种铸造磨球直径的尺寸精度要求（相应的直径偏差按 CT10 级精度给出）。利用专用的工、卡和量具来检测铸件的全部尺寸。如果生产工艺稳定，对大批量的流水线上生产的耐磨铸件，也可以只抽查部分铸件的主要尺寸。

表 3-8　铸造磨球直径的尺寸精度要求（mm）（JC/T 533—2005）

规格	φ10	φ12	φ15	φ17	φ20	φ25	φ30	φ40	φ50	φ60	φ70	φ80	φ90	φ100	φ110	φ120
直径偏差			+1.0 −0.5					+1.5 −1.0				+2.0 −1.0			+2.5 −1.0	

（2）耐磨铸件表面缺陷的检验

①目视外观检验

用肉眼借助于低倍放大镜来检查暴露在铸件表面的宏观缺陷。同时，还要检查铸件的生产标记是否正确齐全，铸件生产厂家应该配备有专职的现场检验人员负责检验并按规定判别铸件是否合格，区分合格品、返修品和废品。目视外观检验可检查的项目有：飞翅、毛翅、抬型、胀砂、冲砂、掉砂、外渗物、冷隔、浇铸断流、表面裂纹（包括热裂、冷裂和热处理裂纹）、鼠沟槽、夹砂结疤、粘砂、表面粗糙、皱皮、缩陷、浇不到、未浇满、跑火、型漏、机械损伤、错型、错芯、偏芯、铸件变形翘曲、冷豆以及暴露在铸件表面的夹杂物、气孔、缩孔、渣气孔、砂眼等。检查前，铸件生产厂应参照标准事先制订或与用户商定检查项目合格品的标准。

表3-9为建材行业标准 JC/T 533—2004《建材工业用铬合金铸造磨球》中规定的铸造磨球允许的表面缺陷规定。

表 3-9　建材行业标准规定的铸造磨球允许的表面缺陷规定（mm）

规格	允许的表面缺陷不大于					
	浇口处多肉、少肉	浇口附近粘砂宽度	局部残留飞边	孔洞（非缩孔）		
				深度	单个面积（mm²）	总面积（mm²）
$10 \leqslant S\phi \leqslant 25$	1.0	2.0	0.8	0.5	4	16
$30 \leqslant S\phi \leqslant 50$	1.5	3.0	1.0	1.0	6	30
$60 \leqslant S\phi \leqslant 90$	2.0	4.0	1.0	1.5	10	45
$100 \leqslant S\phi \leqslant 120$	2.5	5.0	1.5	2.0	12	60

注：表中符号"$S\phi$"表示铸球直径。

目视外观检验可分为工序检查和终端检查两种。工序检查一般在落砂或清理后进行；终端检查在清理或热处理后，铸件入库或交付前进行。

②磁粉检验

磁粉检验是一种检查耐磨铸钢和铸铁等铁磁材料表面和近表面缺陷的常用的无损检测方法。其工作原理是：利用在强磁场中缺陷与铁磁性材料的导磁率不同，在缺陷处产生漏磁场而吸附撒在材料表面的磁粉。通过观测和分析被吸附磁粉的形状、尺寸和分布，可判断铁磁性材料表面和近表面缺陷的位置、类型和严重程度。图3-36为磁粉检验原理的示意图。

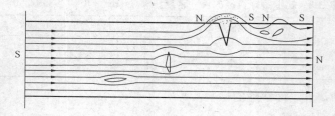

图 3-36　磁粉检验原理示意图

磁粉探伤设备应符合 JB/T 8290—1995《磁粉探伤机》的规定。磁粉探伤机有固定式、移动式和手提式3种类型。可根据铸件的形状和大小进行选择。应每年校验一次，其磁化电流值相对于额定值的改变量不得大于10%。磁粉分为干法磁粉、湿法磁粉和荧光磁粉3种。各种磁粉均能被磁铁吸引。其磁性称量和粒度应符合表 3-10 的规定。选用磁粉的颜色应与铸件表面的颜色形成鲜明对比。未经抛丸处理的铸件最好用红色磁粉、白色磁粉或荧光磁粉；经抛丸处理的铸件宜用黑色磁粉。为增强磁痕与铸件表面的反差，可在检验区域涂以反差增强剂。磁粉应在阴凉干燥处保存，使用时不得有结块和变质现象发生。

表 3-10　磁粉的磁性称量和粒度

磁粉类型	磁性称量（g）	粒度（μm）
干法磁粉	＞7	300～800
湿法磁粉	＞7	＜80
荧光磁粉	＞4	＜50

磁悬液的载液可用水剂、无味煤油或煤油与变压器油的混合液。磁悬液中荧光磁粉为 0.1％～0.3％；普通磁粉为 1.3％～3.0％。循环使用的磁悬液应经常检查其磁粉浓度，当浓度降低时应及时补充适量的磁粉。检验用试片应符合 GB/T 9444—2007《铸钢件磁粉探伤及质量评级方法》的规定（表 3-11）。

表 3-11　铸钢件磁粉探伤及质量评级

质量等级	001	01	1	2	3	4	5
表面粗糙度 R_a（μm）	≤3.2	≤3.2	≤6.3	≤12.5	≤25	≤50	≤100
不考虑的缺陷磁痕最大尺寸（mm）	0.3	0.3	1.5	2	3	5	5
非线性缺陷的磁痕　最大长度（mm）	1	1	2	4	6	10	16
非线性缺陷的磁痕　框内缺陷磁痕的最大总面积或个数	5个	10个	10mm^2	35mm^2	70mm^2	200mm^2	500mm^2
线性缺陷和点线性缺陷、缺陷磁痕最大长度和总长度（mm）〔线性或点线性／线性或点线性／总长度；等级5为线性／点线性／总长度〕　铸钢件厚度 δ（mm）　δ≤16	0	1／2	2／4／6	4／6／10	6／10／16	10／18／28 [10]	18／25／43
16＜δ≤50	0	1／2	3／6／9	6／12／18	9／18／27	18／27／45	27／40／67
δ＞50	0	2／4	5／10／15	10／20／30	15／30／45	30／45／75	45／70／115
应用范围	航空或航天用铸钢件、精密和特殊用途铸钢件		其他铸钢件，根据使用状况和表面粗糙度状况选择质量等级				

　　铸件在探伤前应经过清理和清洗，清除检测区域表面的油脂、泥沙、粘砂、氧化皮、金属屑、油漆及其他干扰磁粉探伤操作和磁痕识别的物质。铸件检测区的表面粗糙度应符合表 3-12 规定的要求。磁粉检验时，铸件表面应保持干燥。

　　常用的磁化方法分为周向磁化法、纵向磁化法和复合磁化法。应根据铸件形状、缺陷方向和仪器设备条件来选择磁化方法。磁化方向应垂直于缺陷方向。

　　铸钢件和铸铁件缺陷的磁痕显示一般采用连续法，特殊情况下可用剩磁法显示。磁痕的观察一般用肉眼观测。细小的磁痕可借助放大镜观察。采用非荧光磁粉时在可见光下观察；采用荧光磁粉时在紫外线灯下观察。观察时应对磁痕的真伪作出正确的判断。假磁痕通常由铸件表面粗糙、磁粉或磁悬液积存在表面凹处、氧化皮、锈蚀、油污、油漆残余及其他粘附物引起，可通过清洗铸件加以清除。另外，一些非相关性的磁痕，如铸件截面突变、加工工艺引起的划伤、刀痕、铸件残余应力、带状碳化物组织、金相组织不均匀等，都会引起漏磁场而产生磁痕并与缺陷磁痕相混淆。磁痕的真伪可通过仔细检查铸件外观、重复检验或退磁后重新检验来辨别，必要时也可通过渗透检验或金相检验结果进行对照来辨别。

　　由于铸件中的剩磁会影响其使用或后序加工、处理和检验，因此，在作磁粉检验后应进行退磁。磁粉检验缺陷的记录方法有：贴透明胶纸法、照相法和绘图法等。检验报告中应按铸件质量等级要求注明为不合格的所有缺陷的类型位置和大小。磁粉检验可参照 ASTM E125—1980《黑色铸件磁粉显示的参考照片标准》以及 GB/T 9444—1988《铸钢件磁粉探伤及质量评级方法》来进行并需要供需双方密切合作，以得出正确的结论。

　　③染色和渗透检验

　　液体渗透检验也是应用较早的一种无损探伤的检验方法。渗透检验按显示方法可以分为着色法和荧光法两种。渗透检验的原理是：利用液体的润湿和毛细管现象，渗透液渗入缺陷，施加显像剂后，铸件表面形成显像薄膜，缺陷中的渗透剂通过毛细管作用被吸出至铸件表面，显示出缺陷的迹象。渗透探伤装置主要由渗透装置、乳化装置、清洗装置、显像装置、干燥装置、观察装置等构成。渗透探伤剂包括渗透剂、乳化剂、清洗剂和显像剂等。应按国家标准 GB/T 5097—1985《黑光源的间接评定方法》的附录 A 和 GB/T 9443—1988《铸钢件渗透探伤及缺陷显示迹痕的评级方法》和机械行业标准 JB/T 9216—1999《控制渗透探伤材料质量的方法》附录 A 的规定来执行。

　　待检铸件在施加渗透剂前应经过清理和清洗处理，清洗后的铸件表面残留的液体应充分干燥。根据铸件的数量、尺寸、形状及渗透剂的种类选用浸渍、喷洒或涂刷等方法施加渗透剂，当处理温度为 16～25℃时，渗透时间通常为 5～25min。铸钢件渗透探伤缺陷显示迹痕的质量等级标准见表 3-12。也可参照

ASTM E 433—1985《渗透检测用标准参考图片》来进行对比和评定。

表 3-12 铸钢件渗透探伤缺陷显示迹痕的等级标准

质量等级		001	01	1	2	3	4	5
表面粗糙度 R_a（μm）		≤6.3			≤50			≤80
观察方法及放大倍数		目视或放大镜 ≤3		目视，1				
不考虑点状缺陷迹痕的最大长度（mm）		0.3		1.5	2	3		5
点状缺陷	迹痕最大长度（mm）	5		8		12	20	32
	迹痕最大长度*（mm）	1		3	6	9	14	21
不考虑线状或点状缺陷迹痕的最大长度（mm）		0.3		1.5	2			

线性缺陷和点线性缺陷、缺陷迹痕最大尺寸（mm）	铸钢件厚度δ（mm）	线性或点线状	总长度	线性或点线状	总长度	线状	点线状	总长度	线状	点线状	总长度	线状	点线状	总长度	线状	点线状	总长度	线状	点线状	总长度
	δ≤16	0	—	1	2	2	4	8	4	6	12	6	10	20	10	18	36	18	25	50
	16<δ≤50	0	—	1	2	3	6	12	6	12	20	9	18	36	18	27	54	27	40	80
	δ>50	0	—	2	4	5	10	20	10	20	40	15	30	60	30	45	90	45	70	140
应用范围		航空或航天用铸钢件、精密和特殊用途铸钢件		其他铸钢件，根据使用状况和表面粗糙度状况选择质量等级																

* 在多数情况下，允许有两个最大长度缺陷。

铸件缺陷显示迹痕按其形状及间距分为 3 种：点状缺陷（S_r），$L<3l$（L 为缺陷显示长度；l 为缺陷显示宽度）；线状缺陷（L_r）$L \geqslant 3l$；点线状缺陷（A_r），$d \leqslant 2mm$ 的缺陷不少于 3 个，d 为相邻两个缺陷显示迹痕的间距。缺陷显示迹痕

的按其大小和分布分为 7 个质量等级，缺陷显示迹痕的等级用 105mm×148mm 的矩形评定框进行评定。确认为裂纹的线状缺陷和点线状缺陷，应评定为不合格。图 3-37 为国外某工厂检查耐磨铸件质量的实例照片。

(a)　　　　　　　　　　　　　　(b)

(c)　　　　　　　　　　　　　　(d)

图 3-37　耐磨铸件质量检查实例照片

（a）磨球表面裂纹检查；（b）超声波检查；（c）表面硬度检查；（d）X 射线检查

2）耐磨铸件内在质量检验

耐磨铸件内在质量检验包括：化学成分、显微组织、力学性能、内部缺陷和其他一些特殊性能。

（1）化学分析

耐磨铸件的化学分析，一般分为炉前检验和成品铸件终端检验。铸件化学成分检验通常采用化学分析方法和光谱分析方法。炉前检验有时还可采用热分析法

54

和气体快速分析法来快速地测定铸造合金液或试样中的杂质元素和熔解气体含量。对铸造合金或铸件进行化学分析或光谱分析的取样、分析方法、分析仪器和分析试剂都应符合国家标准 GB/T 7728—1987《冶金产品化学分析方法标准的总则及一般规定》以及 GB/T 5678—1985《铸造合金光谱分析取样方法》的规定。分析结果应符合相应铸件或合金标准规定的化学成分要求。图 3-38 和图 3-39为耐磨工厂采用的碳、硫快速化学分析仪器和直读光谱仪照片。

图 3-38 碳、硫快速化学分析仪器 　　　图 3-39 直读光谱仪照片

相对而言,建设一个小型的化学分析检验室和配备一些常规化学元素的测定仪器和设施比购置一台质量较好的直读光谱仪要便宜得多。国内一些中、小型耐磨材料厂家大多都是采用化学分析法来检验和控制耐磨铸件的化学成分的并且基本也能满足炉前和炉后检测铸件的要求。然而,毕竟化学分析方法的人为因素比较突出,检测速度比较慢,特别是要同时快速地检测多种化学元素时,直读光谱仪的优越性就比较明显了。另外,用直读光谱仪检测并用计算机直接打印出来的数据容易得到行业和用户的公认(例如,出口铸件)。所以,对一些有条件的耐磨铸件生产厂还是有必要配备直读光谱仪来从事整个工艺过程化学元素的分析,同时,仍然可以保留一定数量的化学分析仪器和设施,以便和直读光谱仪的化学分析结果相互检查和校正。

对不同的铸造合金和耐磨材料要求的化学成分范围都有明确和严格的规定。在检验材料的化学成分时应按照国家、行业或企业标准来评定。对每个元素检查时允许的偏差范围也有所不同。表 3-13 为高锰钢铸件成品化学成分允许偏差的规定(GB/T 5680—1998)。

表 3-13 高锰钢铸件成品化学成分允许偏差的规定 (GB/T 5680—2010)

元素	C	Mn	Si	Cr	Mo	S	P
允许偏差	±0.05	±0.40	±0.10	±0.10	±0.07	±0.005	±0.005

在检验耐磨铸件的化学成分时,可以根据具体情况确定检验的程序和标准。

例如，在建材行业标准《建材工业用铬合金铸造磨球》中还规定了检验炉次的具体方法："当熔炼炉容量超过 0.5t 时，应逐炉检验；当熔炼炉容量不超过 0.5t 时，按熔炉批检验。每炉次或熔炉批随机抽一个试样进行检验。如检验不合格应加倍复验，其中仍有不合格，则应该批为不合格"。

（2）显微组织

耐磨铸件的显微组织与其性能有着密切关系。通过显微组织的检查往往大致能定性地判断出铸件的特性和问题。当铸件标准或用户订货合同对铸件的显微组织有要求时，铸件在交付前应该提供检查显微组织的照片或检验结果证明。即使在用户合同中没有明确规定要求显微组织证明时，在耐磨铸件生产过程中为了控制铸件的成分和显微组织，也应该定期地或者经常地查看，特别是在更换新的合金品种或者调整热处理工艺时，这种检查会显得尤为必要。

铸件的显微组织通常用金相显微镜进行观察，见图 3-40。金相试样的切取部位由供需双方商定，可用铸件本体、单铸试块或附铸试块上用专用的线切割机切取，见图 3-41。金相检验方法和显微组织的评定方法应符合有关标准的规定。表 3-14 为与耐磨铸造合金和铸件有关的金相检验方法国家标准和行业标准。

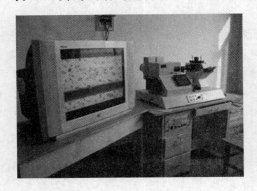 

图 3-40　带屏幕的金相显微镜　　　　　图 3-41　切割试样的线切割机

表 3-14　与耐磨铸造合金和铸件有关的金相检验方法国家标准和行业标准

标准号	标准名称	内容
GB/T 13298—1991	《金属显微组织检验方法》	规定了显微组织检验方法
GB/T 13299—1991	《钢的显微组织评定方法》	规定了铸钢的显微组织检验方法
GB/T 6394—2002	《金属平均晶粒度测定方法》	规定了显微组织中平均晶粒度的检验方法
GB/T 9441—2009	《球墨铸铁金相检验》	规定了球墨铸铁金相检验方法及球状石墨等级

续表

标准号	标准名称	内容
GB/T8263—2010	《抗磨白口铸铁件》	规定了抗磨白口铸铁件的金相组织和热处理规范
GB/T 13925—2010	《高锰钢铸件金相》	评定高锰钢铸件中的碳化物、晶粒度和非金属夹杂物级别
GB/T 10561—2005	《钢中非金属夹杂物显微评定方法》	评定钢中非金属夹杂物的级别
GB/T 226—1991	《钢的低倍组织及缺陷酸蚀检验法》	规定了用酸蚀法检验钢的低倍组织及缺陷的方法
GB/T 4236—1984	《钢的硫印检验方法》	规定了用硫印法检验钢的低倍组织及缺陷的方法

（3）力学性能

常规力学性能检验包括：抗拉试验强度和塑性，硬度和冲击韧性检验。耐磨白口铸铁等脆性材料的拉伸试样可以采用铸态的圆形试样，或采用退火后经机械加工并与铸件同炉热处理的拉伸试样。试样的形状、尺寸、技术要求和热处理规范由供需双方商定。对于耐磨铸件来说，除了要承受高冲击和重要用途的高锰钢，在用户订货合同时要求有规定的抗拉试验的强度和塑性指标以外，一般情形下，往往只要求生产厂家提供硬度指标或者同时要求硬度和冲击韧性指标。因此，在检验耐磨铸件的力学性能时，硬度试验和冲击韧性试验相对来说就显得更加重要了。

①冲击试验

冲击试验是用来测定材料的冲击试样在一次冲击负荷下折断时的冲击吸收功。冲击试验机应符合 GB/T 3808—1995《摆锤式冲击试验机》的要求，并应定期由国家计量部门进行检定。对耐磨白口铸铁等脆性材料的冲击试样可采用无缺口铸态毛坯试样或采用退火后经机械加工并与铸件同炉热处理的无缺口试样，试样的形状、尺寸、技术要求和热处理规范也由供需双方商定。

大多数的耐磨白口铸铁无缺口试样的冲击韧性数值都比较低，而且由于其内在的脆性使得对断口裂纹的敏感性较强，试样的试验结果往往波动较大。因此，通常需要有 3 个或 3 个以上的试验结果取其平均值为佳。

由于冲击韧性的试验数据只代表材料在一次冲击负荷下折断时的冲击吸收功，而并不一定能完全代表大多数耐磨铸造产品在多次冲击、循环载荷工作环境下的抗冲击疲劳的特性。另外，冲击试样常常是在专门单独浇铸的标准力学性能试块上截取的，补缩条件较实际铸件要好。因此，其测定的性能往往也会偏高一些。所以，在实际操作中，耐磨铸件的冲击韧性也并不作为用户的必要的验收条件，而常常被工厂用来作为自己检验材料特性的一个重要参考指标。同时采用一些实际铸造产品作为试样做台架试验，例如，利用磨球或衬板冲击疲劳试验机测定抗冲击疲劳次数来作为检验铸件抗破碎能力的依据等。

②硬度试验

耐磨铸件的硬度与其抗磨料磨损的能力有直接关系。因此，硬度试验是耐磨铸件的必测项目和重要指标。

测定铸件硬度的常用方法有布氏硬度法和洛氏硬度法两种。硬而脆的耐磨铸造合金通常采用洛氏硬度法测定其硬度，其他如高锰钢等用布氏硬度法测定。对于铸钢等金相组织比较均匀一致的合金，布氏硬度、洛氏硬度和抗拉强度之间有一定的换算关系。（GB/T 1172—1999《黑色金属硬度及强度换算值》）。

布氏硬度法是用一定直径（通常为10mm）的钢球或硬质合金球，以相应的载荷压入试样表面，经规定的一段时间后，卸除载荷，测量试样表面的压痕直径，用载荷值除以压痕的球形表面积所得的商表示布氏硬度值。压头为钢球时，硬度符号为HBS，适用于布氏硬度值≤450的材料；压头为硬质合金球时，硬度符号为HBW，适用于布氏硬度值≤650的材料。布氏硬度试验的仪器、试样、试验方法和试验结果应符合GB/T 231—1984《金属布氏硬度试验方法》的规定。

洛氏硬度法是在初负荷和总负荷（初负荷＋主负荷）分别作用下，将金刚石圆锥体压头或钢球压头压入试样表面，然后，卸去主载荷，测量初负荷下的压痕深度增量 e 值并计算出洛氏硬度值。洛氏硬度最常用的有 HRA、HRB 和 HRC 3 种标尺。HRB 采用钢球压头，硬度值＝130－e；HRA 和 HRB 采用金刚石圆锥体压头，硬度值＝100－e；HRA 的主负荷为 490.3N ；测量范围为 60～85 HRA；HRC 的主负荷为 1373N，测量范围为 20～67 HRC。洛氏硬度试验的仪器、试样、试验条件、试验方法和试验结果的处理应符合 GB/T 230—1991《金属洛氏硬度试验方法》的规定。

耐磨铸件工厂常规配备的布氏硬度计和洛氏硬度计大多是放置在实验室的台式试验机。为了检验方便，目前市场上专门有一种手提式的硬度试验机，重量轻、尺寸小且便于携带，适用于在工作现场检验以及不便于搬动的大型铸件硬度的测定。但它与台式硬度计的测定值会有一定的差异，一般作为现场和快速测定参考使用；在某些特殊情形下，除了布氏硬度法和洛氏硬度法以外，还有一些其他的硬度测试方法以及非常规的力学性能试验。例如，金属的维氏硬度试验（GB/T 4340.1—1999）等。

各类硬度计都应定期由国家计量部门按有关标准进行检定。测定球磨机磨球的硬度值时，一般还要求了解磨球内外硬度值的差别。因此，通常要将磨球从中心位置切割成一个圆柱平台，然后从中心到表面依次测定其硬度值（图 3-42）。表 3-15 为各种耐磨铸铁磨球的力学性能规定指标。

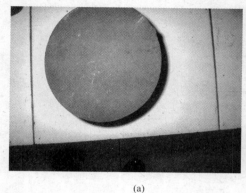　

（a）　　　　　　　　　　　　　（b）

图 3-42　耐磨铸件工厂常用的硬度计检测设备照片

（a）切割后的磨球截面；（b）各种台式硬度试验机

表 3-15　各种耐磨铸铁磨球的力学性能规定指标

代号	表明硬度 HRC	冲击韧性 a_k （J/cm²）	冲击疲劳寿命 （落球次数）
高铬铸铁淬火回火 ZGCrGA	≥56		
高铬铸铁回火 ZGCrGB	≥49		
中铬铸铁淬火回火 ZGCrZA	≥51	≥3	
中铬铸铁淬火回火 ZGCrZB	≥48		≥8000
低铬铸铁淬火回火 ZGCrDA	≥48		
低铬铸铁淬火回火 ZGCrDB	≥45	≥2	
贝氏体球墨铸铁 ZQB	≥50		
马氏体球墨铸铁 ZQM	≥52	≥8	≥10000

注：1. 落球冲击疲劳试验采用直径 100mm 的铸铁磨球，在标准高度 3.5m MQ 型试验机上的试验结果，其他直径磨球的冲击疲劳次数参照下列公式进行换算；

2. 冲击韧性和冲击疲劳寿命一般不做交货依据，由供需双方自行商定。

新标准规定：铸铁磨球沿通过浇口中心和球心直径方向的硬度差不得超过 HRC 3，关于磨球硬度均匀性可采用磨球平均体积硬度的计算方法来衡量。

$$AVH = 0.009HRC_{心部} + 0.063HRC_{r/4} + 0.203HRC_{r/2} +$$
$$0.437HRC_{3r/4} + 0.289HRC_{表面}$$

式中　AVH——磨球平均体积硬度（代表磨球硬度均匀性）；

r——磨球半径；

HRC——洛氏硬度。

图 3-43 为磨球剖面硬度测定位置图。表 3-16 为某磨球生产厂对磨球剖面硬度测定的实测数据。

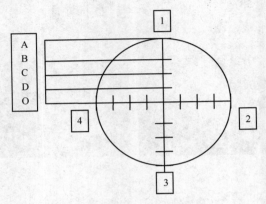

图 3-43　磨球剖面硬度测定位置图

表 3-16　某磨球生产厂对低铬铸铁磨球剖面硬度测定的实测数据

硬度 部位 序号	HRC$_{表面}$	HRC$_{3r/4}$	HRC$_{r/2}$	HRC$_{r/4}$	HRC$_{心部}$
	A	B	C	D	O
1	49	50	50	49.2	49
2	48.9	49.2	48.5	49.6	49
3	48.5	49.2	48.9	49.2	49
4	49.4	50	49.6	49.4	49
平均	48.95	49.6	49.25	49.35	49

该低铬铸铁磨球化学成分为：C 2.82%；Si 1.01%；Mn 1.49%；Cr 2.21%；P 0.062%；S 0.032%；Cu 0.53%。

平均体积硬度值：HRC$_{心部}$＋0.063 HRC$_{r/4}$＋0.203 HRC$_{r/2}$＋0.437 HRC$_{3r/4}$＋0.289 HRC$_{表面}$＝49.38；

内外硬度差 ＜1 HRC。

（4）内部缺陷的无损检验

耐磨铸件内部缺陷的无损检验主要检验方法有射线探伤法和超声波探伤法。射线探伤法能发现铸件内部的缩孔、缩松、疏松、夹杂物、气孔、裂纹等缺陷，确定缺陷平面投影的位置、大小和缺陷种类；超声波探伤法可发现形状简单、表面平整铸件内部的缩孔、缩松、疏松、夹杂物、气孔、裂纹等缺陷，确定缺陷的位置和尺寸，但很难判定缺陷的种类。铸件的无损探伤，应遵守 GB/T 5616—2006《常规无损探伤应用导则》的规定。

① X 射线探伤法

射线探伤是利用 X 射线或 γ 射线穿透被测铸件时，由于缺陷与材料基体吸收射线能量（衰减系数）不同，在感光胶片上形成影像的黑度存在差别，通过分析感光胶片影像异常黑度的位置、尺寸、分布和浓淡，即可判别缺陷的类型、位置和严重程度。铸件射线探伤的操作方法应符合 GB/T 19943—2005《射线照相探伤方法》的规定；线型像质计的技术要求、标志及应用方法等应符合 JB/T 7902—2002《无损检测射线照相检测用线型像质计》的规定；铸钢件射线照相底片等级按 GB/T 5677—2007《铸钢件射线照相及底片等级分类方法》进行分类。该标准把射线照相底片的铸造缺陷分成五类：气孔、夹砂和夹渣、缩孔和缩松、内冷铁未熔合和芯撑未熔合、热裂纹和冷裂纹。供需双方可根据耐磨铸件的使用要求，商定某一质量等级为合格级。同一铸钢件的不同部位可选择不同的合格级；同一部位不同类型的缺陷也可选择不同的合格级。另外，也可参照日本工业标准 JIS G 0581《铸钢件射线试验方法及透照底片分级方法》和美国 ASTM E 186 和 E 280《铸钢件射线照相参考底片》来评定。

② 超声波探伤法

超声探伤是用指向性和束射性强的超声波在介质中直线传播遇到缺陷时，由于介质界面声阻抗突变，使超声波发生部分能量反射，反射信号被探头接收，经处理后显示在荧光屏上，根据反射信号的特征，判断被测材料内部有无缺陷以及缺陷的位置、形状和大小。

超声探伤是目前应用最广泛的铸钢件内部缺陷的检验方法。超声探伤可检查的厚度范围很宽，与射线探伤相比，超声探伤具有成本低、无需防护、厚大件检测速度快等优点。但是，超声探伤要求铸件表面粗糙度不能太大，超声探伤具有对缺陷的显示不如射线照相法直观和容易辨认等不足。

铸件常用的超声探伤法是脉冲反射法。该法是：每隔一定时间由探头向被测铸件发射一个超声脉冲，根据脉冲反射信号来检查铸件内部的缺陷。按照脉冲反射信号以及铸件类型的差别，脉冲反射法又可分为：纵波直探头脉冲反射法、纵波双晶探头脉冲反射法、横波斜探头脉冲反射法和水浸探头脉冲反射法。超声探伤所用的设备和材料包括：超声探伤仪、探头、对比试块、耦合剂等。超声探伤仪应符合 JB/T 10061—1999《A 型脉冲反射式超声探伤仪　通用技术条件》的规定；探头性能应符合 JB/T 10062—1999《超声探伤用探头 性能测试方法》要求；超声探伤系统应符合 JB/T 9214—1999《A 型脉冲反射式超声波探伤系统工作性能 测试方法》规定。超声探伤仪分辨力应满足表 3-17 的规定。

表 3-17 超声探伤仪分辨力的下限值

探头种类	纵波直探头			横波斜探头
探伤频率（MHz）	<2	2~3	>3	2~5
分辨力（dB）	6	15	20	12

为了保证超声探伤的准确性，对比试块应采用与被测铸件材质相同或相近的材料制造，并不允许有大的缺陷。建议采用 GB/T 7233.2—2010《铸钢件超声检测　第 2 部分　高承压铸件》附录 A 和 B 的对比试块。进行超声探伤时，应清除铸件探伤表面及其背面所有影响超声检测的物质。探伤面的表面粗糙度 R_a ≤12.5μm（质量要求高的铸件，最好为 R_a≤6.3μm）；太粗糙的探伤面应进行局部打磨或机械加工。探伤前应进行透声性测定需要时可进行透声性补偿处理。除了参照 GB/T 7233.2—2010 标准以外，还可参考 ASTM A 609《碳钢和低合金钢铸件超声波探伤标准》、国际标准 ISO 4992《铸钢件的超声检查》和英国标准 BS 6208—1990《铁素体钢铸件超声检查和质量分级方法》。GB/T 7233.2—2010 标准参照了 ISO 4992 和 BS 6208 标准，并根据国情增强了标准的实用性。

最近几年，铸件质量的内在缺陷检查还发展了一些"在线检验"，采用射线实时成像技术或射线路 CT 技术，可以在生产线上进行在线射线检验。射线实时成像技术是一种应用穿透性射线，在对生产线上的铸件进行射线透照的同时立即可以观察到所产生图像的快速检验技术。其主要过程是通过荧光屏将射线转换成可见光，然后把它放大或转换成视频信号，显示在电视监视器上，也可以记录在录像带或七台河记忆装置中。

射线实时成像通常用于对生产线上的铸件进行快速检验。通过操纵铸件运动的遥控装置使检测者可以直接观察到铸件的细节并当场决定是否让铸件通过。对于动态工作系统，射线实时成像一般可在几秒到几分钟之内完成检验；射线实时成像还可对长时间（以小时计）运行的部分进行动态监控。现代 X 射线荧光屏检验系统在射线源、铸件运动控制、荧光屏显示和工作人员辐射防护等方面都有很大的改进，既增强了非黑暗条件下的视觉分辨力，又提高了检查的安全性。图 3-44 为远距离射线实时成像观察系统的示意图。射线实时成像技术目前主要用于壁厚较薄的

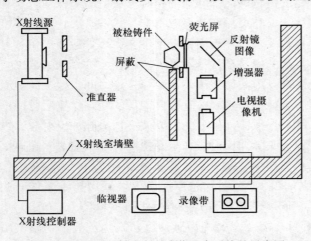

图 3-44　远距离射线实时成像观察系统的示意图

钢铁铸件和铝合金铸件的在线检验，通过专门设计的高度自动化系统来控制被检铸件的传送和旋转运动。

更进一步的精确测定方法是一种工业射线 CT（断层扫描）技术。射线照相技术一般仅能提供定性信息，不能应用于测定结构尺寸及缺陷的方向和大小，它还存在着三维物体二维成像、前后缺陷重叠的缺点。工业射线 CT 技术提出了一个全新的影像形成概念，它比射线照相法案能更快、更精确地检测出铸件内部的细微变化，消除了射线照相法可能导致检查失真和图像成叠的缺点，大大提高了空间分辨率和密度分辨率。工业射线 CT 装置是根据物体横断面的一组投影数据，经过计算机处理后得到物体横断面的图像。其结构主要由射线源和接收检测器两部分组成。射线源一般是高能量的 X 射线或射线源。射线穿过铸件后被辐射探测器接收，探测器信号经处理后通过接口输入计算机。测量时，铸件作步进和旋转运动，这样就可得到一系列的投影数据，由计算机重建断面或立体图像。图 3-45 为用于铸件在线检验的工业射线 CT 装置示意图。

③特殊性能的检验

根据耐磨铸件的使用要求，可能需要作一些特殊性能的检验。例如，抗高温和低温性能、腐蚀磨损特性、冲击疲劳特性、断裂韧性、磁学性能、摩擦磨损特性、压力密封性能以及其他物理-化学性能等。其检验方法应符合有关检验仪器和方法标准的规定，或由供需双方商定。这些特殊性能的检验有的是实际使用过程中用户的一些特殊要求，有的是为了对铸件材料的磨损原理和使用性能作进一步的科学研究从而对材料的化学成分、金相

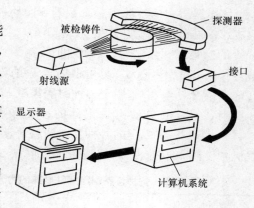

图 3-45　用于铸件在线检验的工业射线
CT 装置示意图

组织和热处理工艺等作进一步的调整和改善。例如，对于冶金矿山和水泥工业中消耗量最大的球磨机磨球，除了必要的常规化学成分、硬度、韧性和尺寸检查以外，同时还规定了磨球的表面和中心硬度差以及磨球的抗冲击疲劳性能（落球次数）等指标。在实际使用过程中，磨球的抗冲击疲劳性能往往是决定磨球能否出现破碎率的重要性能指标。现行的国家标准（GB/T 17445—1998）、建材工业（JC/T 533—2004）和黑色冶金行业标准（YB/T 092—2005）中都分别对磨球抗冲击疲劳性能（落球次数）的试验机、试验方法和具体指标作了规定。

a. 磨球的抗冲击疲劳性能（落球次数）的检验

磨球在实际工作中主要承受反复冲击和磨损，而一般材料的冲击韧性指标

（a_k 值）是在普通的锤式冲击试验机上用标准试样来获得的一次冲击特性。经验证明：它不能完全代表实际磨球的抗冲击疲劳特性，也不反映由于磨球铸造缺陷和多次运转疲劳磨损等因素产生的问题。球磨机磨球冲击疲劳试验机主要用来模拟磨球在球磨机中实际使用状况，强化它的被衬板和磨球本身撞击的功能以测定其抗冲击疲劳的性能，从而在实验室中即可衡量磨球在球磨机使用过程中的抗剥落或破碎的特性。

该试验机可以一定的速度和时间间隔，将磨球循环和连续地提升到 3.5m 的高度，以一个恒定的冲击能量使每个试验磨球在每个运动周期受到两次直接冲击（一次为它撞击最上面的磨球，另一次为被下一个磨球所撞击）和多次间接碰撞。利用专门设计的电测记录和控制装置，可测定其破碎或严重剥落失效的抗冲击疲劳的次数（磨球的抗冲击疲劳性能），以比较不同材质和生产工艺条件下的特性。因此，它是现阶段生产磨球及研究磨球材料性能的工厂、企业和研究部门的重要而实用的关键设备。

该试验机由落球冲击系统、磨球循环系统以及计数记录与控制系统三个部分组成。标准试验机提升高度为 3.5 m（模拟直径为 4.5m 左右的球磨机）。可供试验的磨球直径标准型（MQ-Ⅲ 型）为：$\phi60$、$\phi80$ 和 $\phi100mm$；重型（MQ-Z 型）：$\phi110$ 和 $\phi127mm$（也可根据需要更改）；每次试验球数：$16\sim25$ 个/次（与磨球直径有关），可适用于各种耐磨铸铁和锻钢球。试验机备有专用的电测记录和控制装置，可自动记录累计的冲击疲劳次数。表 3-18 为国家标准（GB/T 17445—2009）中规定的各种含铬耐磨铸铁磨球的力学性能指标。图 3-46 为中国农机院设计和制造的 MQ-Ⅲ 标准型冲击疲劳试验机的结构示意图和实际照片。

表 3-18　各种含铬耐磨铸铁磨球的力学性能指标（GB/T 17445—2009）

磨球材料名称	牌号	表面硬度（HRC）		落球冲击疲劳寿命（次数）*
		淬火态（A）	非淬火态（B）	
高铬铸铁	ZQCr26	≥56	≥45	≥8000
高铬铸铁	ZQCr20	≥56	≥45	≥8000
高铬铸铁	ZQCr15	≥56	≥49	≥8000
中铬铸铁	ZQCr8	—	≥48	≥8000
低铬铸铁	ZQCr2	—	≥45	≥8000
贝氏体球墨铸铁	ZQSi3	≥50	—	≥8000

* 直径为 $\phi100mm$ 磨球的落球冲击疲劳试验指标。

应该指出：以上规定的落球冲击疲劳寿命（次数）是在大量的试验数据和

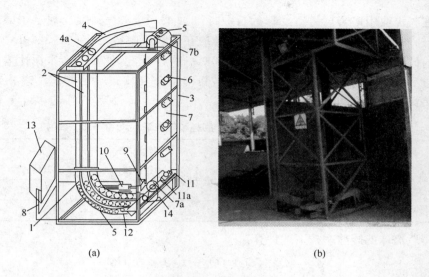

图 3-46　标准 MQ-Ⅲ 型冲击疲劳试验机

（a）结构示意图；（b）实际照片

1—弯管；2—竖管；3—直立框架；4—上滑道；4a—落孔；5—试验磨球；6—提斗；
7—平皮带；7a—下皮带轮；7b—上皮带轮；8—导线；9—减速器；10—电机；
11—下滑道；12—小滑道；13—电控箱（计数器）；14—传感器

被实践经验证明可行的指标下得出的。也即，如果在实际生产中抽查的 $\phi100mm$ 直径的磨球，在落球试验中按照标准试验机和试验方法获得的平均落球次数在 8000 次内没有出现破碎和明显的剥落现象，那么，这批生产的磨球在小于 $\phi4.5m$ 的球磨机中实际运转时应该不会因材料或铸造因素出现严重的破碎和剥落 等问题（除因其他因素导致的磨球破损问题以外）。对于更大的磨机和更大直径 的磨球是否也可以以此指标来衡量尚需做更多的工作来进一步证实。但由于目前 冶金矿山领域中磨机的尺寸越来越大，所以这种冲击疲劳磨损试验机的运行高度 已经达到 8m 以上，专门用来模拟大直径磨机的运行状态，目前，这种试验机也 已经得到实际应用。

b. 磨球磨耗和破碎率的测定

球磨机磨球的磨耗和破碎率是直接反映磨球的质量和使用性能的重要指标， 也是用户考虑和选择磨球材料品种的主要依据。尽管铸件生产厂家不能直接在生 产过程中获得球磨机的磨耗和破碎率的数据，但它可以从材料的成分、组织以及 硬度和冲击疲劳性能的测试结果来获得保证。磨耗和破碎率的测定是在双方确定 的条件下，在球磨机一定的工作时间内依靠人工来测定的数据，这些数据的获得 常常要花费很大的人力和物力，但直到目前为止，磨球的磨耗和破碎率依然是供 需双方在确定订货合同和将来付款、赔偿的重要依据。

建材工业用铬合金铸造磨球的行业标准（JC/T 533—2004）规定了磨球磨耗和破碎率的试验条件和测定方法。铸球应在管磨机中运转 2000～3000h；磨料为普通硅酸盐；水泥出磨温度不超过 120℃；熟料粒度≤20mm；水泥比表面积不超过 m²/kg；磨机台时产量和铸球装载量应符合 JC 334.1 的规定。表 3-19 为各种铸铁磨球允许的单仓磨耗和碎球率。

表 3-19　各种铸铁磨球允许的单仓磨耗和碎球率（JC/T 533—2004）

项目	磨球品种		
	高铬铸铁	中铬铸铁	低铬铸铁
单仓碎球率（%）	≤1.0	≤1.5	≤2.0
单仓球耗（g/t 水泥）	≤30	≤5.0	≤80

铸造磨球的碎球率按下式计算：

$$\rho = (Q_3 + Q_4)/(Q_1 + Q_2) \times 100\%$$

式中　ρ——铸球碎球率（%）；

　　Q_1——初装球磨机内的铸球质量（t）；

　　Q_2——正常运转中添加的铸球质量（t）；

　　Q_3——正常运转中球磨机排出的碎球质量（t）；

　　Q_4——停机检测时，在球磨机内的铸球质量（t）。

铸造磨球的球耗按下式计算：

$$M = (Q_1 + Q_2 - Q_h) \times 10^6/N$$

式中　M——铸球的球耗（g / t 水泥）；

　　Q_1——初装球磨机内的铸球质量（t）；

　　Q_2——正常运转中添加的铸球质量（t）；

　　Q_h——可回用的铸球质量（t）；

　　N——研磨过程中投入的物料总质量（t）。

6. 耐磨铸造生产厂的质量检测中心

有一定规模和水准的耐磨铸造生产厂都必须具备对自身产品的质量检测能力和必要的专业仪器和操作人员。才能保证产品质量的稳定性并不断提高产品的水准。表 3-20 为某工厂新建的技术检测中心配备的设备和仪器。

表 3-20　某工厂新建的技术检测中心配备的设备和仪器

序号	测试项目	实验室名称	所需仪器设备	参考型号
1	化学成分	化学成分分析实验室	数显碳、硫分析仪	SX-6Z
			直读光谱仪	MA-8002
			其他	—

续表

序号	测试项目	实验室名称	所需仪器设备	参考型号
2	机械和力学性能	机械性能实验室	拉伸试验机	WDW-10(微机控制电子万能试验机)
			摆锤式冲击试验机	JB-W500A(微机控制)
			布氏硬度计	HB-300B
			洛氏硬度计	R(M)-150D1(液晶屏数显)
			维氏硬度计	MHV-30Z(数显自动转塔)
3	磨损特性	磨损实验室	摩擦磨损试验机 肖-盘式磨损试验机	MM-2000
4	物理性能	无损检测实验室	磁力探伤仪	CDX-I(多功能交直磁粉探伤仪)
			超声波探伤仪	MUT-600B
5	金相组织	金相实验室	光学显微镜	BX51(40-1000×)
			线切割机	DK7732(数控)
			砂轮切片机	MPJ-35
			抛光机等	PG-1
6	型砂性能	型砂实验室	干/湿强度测定仪	ZTY
			透气性测定仪	STZ
7	磨球冲击疲劳性能	落球试验室	落球试验机	MQ-Z(H=8m)

有的工厂除了有一些常用的设备仪器外还专门自行设计和配备了一些专用的试验设备,以满足测定某些工艺参数的需要。图 3-47 为某工厂自行设计和制备的小型滚筒试验机和冲蚀磨损试验机[17]。

(a)   (b)

图 3-47 某工厂专门自行设计和制造的冲蚀磨损试验机[18]
(a) 滚筒试验机;(b) 冲蚀磨损试验机

3.3　复合材料和修复技术

　　复合材料和磨损零件的修复技术是未来开拓新型耐磨材料和抗磨技术的主要发展趋势，也是发展循环经济、节约能源和再制造工业的一项重要的技术措施，还是最近一二十年从事耐磨行业研究和应用的主要关注课题。特别是在水泥和矿山领域，这项技术已经越来越显示出它的巨大生命力。复合材料通常是指利用两种或多种不同成分和性能的耐磨材料，通过机械或冶金方法把它们固定在一起成为一个整体零件来使用的材料。这里，重要的因素和技术是指怎样组合才能使这种复合材料取得良好的效果。由于磨损通常发生在零件表面之间的摩擦或零件表面接触物料的部分，因此，一般情况下，要求经受磨损的零件表面较硬和耐磨，而要求零件内部具有较高的韧性和抗冲击能力。另外，由于磨损的作用，零件厚度会越来越薄，其强度和抗冲击能力也会越来越弱，最终是在未完全磨坏或磨穿的情况下不得不提前报废和更换。对于一些大型和高档铸件来说，磨损零件的修复和再制造显得特别有意义和经济价值，这也是近几十年来修复在制造行业能够蓬勃发展的重要原因。当然磨损零件的修复和再制造也是有一定的条件和限制的，不是所有磨损的零件都可以或者值得修复和再制造的，要具体分析和对待才能取得良好的效果。

3.3.1　复合材料与技术

1. 双金属复合技术

　　双金属复合技术和应用最早是在冀东水泥厂从德国进口的一台大型锤式破碎机的锤头中发现的。经过解剖分析，锤头的锤柄是由低合金铬钼钢做成的，而锤头材料为高硬度的高铬铸铁耐磨材料。两者是在严格的真空条件下进行双液浇注完成的冶金结合。近些年来，我国双液浇注技术和应用有了较快的的发展，特别是在锤头和衬板上得到较广泛的应用。图 3-48 为某工厂生产的双液浇注的锤

(a)　　　　　　　　　　　　　　　(b)

图 3-48　双液浇注实物照片[19]

（a）双金属锤头；（b）双金属齿板

头和齿板实物照片。图 3-49 为实际浇注和解剖的金相组织照片[19]。

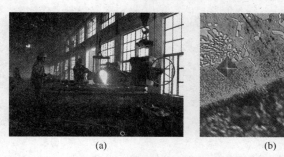

| (a) | (b) |

图 3-49 双液金属实际浇注和解剖的金相组织照片[19,20]

(a) 实际浇注状况；(b) 双液浇注金相组织

2. 堆焊复合技术

1) 堆焊耐磨钢板

在水泥装备零部件中目前比较常用的是直接用耐磨钢板切割和组合的耐磨件。主要应用于平板型或一些结构形状不太复杂的零部件，例如溜槽等。耐磨钢板的原材料可以直接采用专业钢厂生产的整体钢板，这种专用的耐磨钢板大多是采用优质钢材轧制并通过专门的热处理工艺来生产的。国外主要是瑞典和芬兰的进口耐磨钢板，它有不同的厚度、强度和硬度，具有可弯性和良好的焊接性能，因此也获得较好的应用效果。另外，国内比较常用的是耐磨钢板，它是通过在普通的钢板上堆焊一定厚度的耐磨材料。焊接耐磨复合钢板常用的尺寸规格：基体钢板板幅为：(800～1450)×(1800～3000)，钢板厚度和堆焊合金厚度的规格见表 3-21[21]。

表 3-21 堆焊耐磨钢板厚度和堆焊合金厚度的规格[21]

合金层厚＼基材厚	3	4	5	6	8	10
5	5＋3	5＋4	5＋5	—	—	—
6		6＋4	6＋5	6＋6	—	—
8	8＋3	8＋4	8＋5	8＋6	8＋8	—
10	—	—	10＋5	10＋6	10＋8	10＋10

图 3-50 为焊接耐磨钢板的表面结构形状，图 3-51 为截面硬度分布值和金相

| (a) | (b) |

图 3-50 堆焊耐磨钢板的表面结构形状

组织照片[21]。

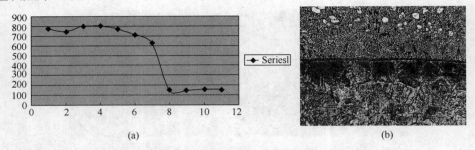

(a)　　　　　　　　　　(b)

图 3-51　耐磨钢板截面硬度分布值和金相组织照片[21]

2）堆焊修复和再制造技术

水泥行业是应用抗磨技术较多的行业，有许多设备部件处于比较恶劣的磨损条件下，如各类风机，辊压机挤压辊，破碎机锤头、锤盘，立窑塔篦等。例如用于破碎水泥生料或熟料的辊压机，是由国外引进的一种高效节能设备，明显提高破碎效率，但其主要部件辊压机挤压磨辊/盘的磨损问题始终困扰用户，过去国内一直依赖国外材料及技术工艺。在国际上，磨辊/盘的修复寿命最高为15000h。目前，我国已有较多的企业从事辊压机修复工作，通过采用已有的技术和国产材料的研发，修复寿命从 4000h 左右逐步达到了 8000～12000h，已接近（部分指标已达到）国际先进水平。

将大量的废旧装备集中起来，以拆解后的废旧零件为毛坯，利用表面工程技术对毛坯进行批量化修复，重新赋予废旧装备服役的能力，这一过程就是"再制造"技术。简言之，再制造就是废旧产品高技术修复、改造的产业化。再制造的重要特征是再制造后的产品质量和性能不低于新品，有些还超过新品，成本只是新品的 50%，节能 60%，节材 70%，对环境的不良影响显著降低[22]。我国自1999 年正式提出再制造的概念以来，便开始探索自主创新的再制造模式，将"表面修复和性能提升法"作为再制造的主要技术方法，把先进的无损检测理论与技术、表面工程理论与技术和熔覆成形理论与技术引入再制造。2005 年，国务院颁发的 21、22 号文件中均指出，国家将"支持废旧机电产品再制造"，并把"绿色再制造技术"列为"国务院有关部门和地方各级人民政府要加大经费支持力度的关键、共性项目之一"。

利用堆焊技术来修复和再制造磨损零部件的模式在水泥装备领域中已经得到广泛应用并取得了良好的效果。2013 年 3 月，有关部门正式通过了《水泥工业用耐磨件堆焊通用技术条件》的行业标准[23]。有效地满足水泥行业的产品和市场需求，保证对标准涉及的产品和服务质量进行评定，提高服务质量，做到有法可依。该标准适用范围为：立磨磨辊套/磨辊衬板、磨盘衬板、辊压机挤压辊、耐磨复合钢板、堆焊再制造与新品堆焊制造。

堆焊修复方式可以选择离线堆焊再制造和在线堆焊再制造两种不同模式。

（1）离线堆焊再制造

离线堆焊再制造的优点是：

① 旧磨辊/盘瓦尺寸不受限制，且各种形状均可堆焊再制造；

② 施工不会影响停机时间，不会造成附加损失；

③ 磨损后的磨辊、磨盘拆下来后可以详细检查，施工品质可以得到保证。

图3-52　堆焊车间可对各种型号磨辊进行离线堆焊施工

离线堆焊再制造的缺点是：施工周期长，存在拆卸费用、运输费用、安装费用，检修成本较高。图3-52为磨辊堆焊车间，可对各种型号磨辊进行离线堆焊施工。图3-53为磨辊修复前后的对比照片[24]。

（a）　　　　　　　　　　　（b）

图3-53　磨辊修复前后的对比照片[24]

（a）磨辊修复前；（b）磨辊修复后

（2）在线堆焊再制造

在实际应用中，还有一种模式就是在线堆焊再制造。近些年来，在线堆焊愈来愈有明显的优势，并深受用户欢迎。其主要优点是：

① 降低磨机检修成本；

② 缩短设备检修停工时间，施工时间灵活机动，适合处理紧急情况；

③ 降低设备拆卸带来的风险，施工更安全。

当然，在线堆焊修复也有一定的限制，它要求有一定的空间和施工条件以及用户的密切配合，对施工人员的技术和安全措施也有更高的要求，这些都要根据具体情况来选择和采用。图3-54和图3-55为在线堆焊再制造的两个典型实例[22]。它尤其适合于矿渣磨和分块式磨辊的堆焊，尤其是大直径圆环形磨辊套的堆焊再制造。

(a)　　　　　　　　　　　　(b)

图 3-54　在线堆焊再制造的实际照片[24]

（a）立磨磨盘的在线堆焊；（b）立磨磨辊的在线堆焊

(a)　　　　　　　　　　　　(b)

图 3-55　锤式破碎机锤盘在线修复现场照片[24]

（a）堆焊修复现场；（b）堆焊修复后

　　无论是在线或离线堆焊，在选择磨损修复件之前要进行评估和检测，堆焊再制造后都要进行科学的产品检验（寿命预测），以保障修复后的质量和安全，保证再制造产品的性能。实践中，堆焊再制造后的主要检测项目包括外观及尺寸检查、基体渗透探伤、堆焊层金相检验和硬度检验。耐磨件堆焊后表面应无溶渣、弧坑、焊瘤、飞溅物、气孔以及贯穿性裂纹等现象；焊道应平整光滑、细致均匀，并平滑过渡到基体。自动堆焊后的较大耐磨件应制作金相覆膜，检验其金相组织，金相组织中应含有初始碳化物＋共晶碳化物＋二次碳化物，碳化物的面积含量应达到 60％以上。

　　3）新件表面堆焊强化复合技术

　　近些年来，堆焊技术不仅用于已磨损零件表面修复和再制造的领域，它正在逐步发展成为利用堆焊技术直接在新生产的铸件表面进行堆焊强化以获得内韧外硬的效果。这种复合铸件通常采用普通的中、低碳铸钢件如 ZG20SiMn、ZG25、ZG35 等作为复合铸件的基体，通过硬面堆焊作为耐磨保护层，在基材表面堆焊一定厚度的高硬度、抗磨损的耐磨层，这样，可以依靠基体来抵抗外力所需的强度、韧性和塑性等综合性能，由表面堆焊层提供满足指定工况需要的耐磨性能，从而解决了高铬、镍硬系列合金材料的高脆性、易开裂、可焊性差的问题，大大提高了辊套及衬板的耐磨性能。这些毛坯铸件从铸造厂出厂前要经过表面清理和热处理以及严格的质量检验，合格后，在专门的焊接工厂进行预处理和堆焊强化。这些经过专门堆焊强化处理的复合铸件在水泥装备耐磨零件中已得到广泛应用。图 3-56 UBE40.6 为复合煤磨辊辊胎及堆焊后成品；图 3-57 为 Polysius57/28 堆焊复合磨辊辊胎及成品[24]。

图 3-56　UBE40.6 复合煤磨辊辊胎及堆焊后成品[24]

图 3-57　Polysius57/28 堆焊复合磨辊辊胎及成品[24]

4）耐磨堆焊材料

表面堆焊需要专用耐磨焊材，由北京嘉克新兴科技有限公司开发的 ARCF-CW® 系列耐磨药芯焊丝最早于 2001 年被应用在磨煤机磨辊耐磨堆焊中，提高磨辊使用寿命 1.5～1.8 倍以上。10 多年来，ARCFCW® 焊丝服役过的立磨磨型包括 Atox、Polysius、LM、UBE、MPS、HRM、TRM、LGM、MLS、MPF、ZGM、HP、RP、CLM 等，在中国的水泥、电力、冶金行业已有超过 1700 家企业应用过或正在使用该系列焊丝。通过在多家水泥厂的耐磨性对比试验验证，该系列药芯焊丝使用寿命比国际知名品牌焊丝提高 25% 左右。

目前 ARCFCW® 系列耐磨堆焊药芯焊丝年产量 4000t 以上。为堆焊立磨磨辊/磨盘瓦，嘉克还自行设计研发了 ARC-NMG7-1 磨辊/磨盘自动明弧堆焊机，迄今为止共有 400 多台套在在中国电力和水泥行业正常运转中，最长使用时间已超过 14 年。

表3-22 典型焊丝化学成分和性能表

牌号	化学成分% (m/m)										硬度（焊三层）	堆焊层金属特性	焊材应用推荐
	C	Cr	Ni	Mn	Mo	W	V	Nb	Si	其他			
ARCFCW9024	5.5	30	≤4	0.5~2	≤2	—	+	-	+	B	HRc 59~63	*焊后细化的碳化物均匀的分布在强化的基体内，产生奥氏体，堆焊材料中含初始碳化物 *极佳的抗磨损性、一般的抗冲击性 *工作表面堆焊后，再变形性有限，不可机械加工	适用于对承受高度磨损和中等冲击的部件作硬面处理，例如堆焊再制造电厂磨煤辊/盘、瓦，水泥厂立磨磨辊/盘、矿山粉碎机辊、破碎机锤，复造耐磨复合钢板，复合辊堆焊等的硬面焊丝。
ARCFCW9061	5.6	32	—	≤2	+	+	+	+	+	B, Co	HRc 59~63	*焊后细化的碳化物均匀的分布在强化的基体内，产生奥氏体，堆焊材料中含初始碳化物 *具有高抗磨性，硼和碳的结合产生极具抗磨损性能 *工作表面焊后，再变形性有限，材料不能机械加工处理	适用于对承受高度磨损和中等冲击的部件做硬面处理，例如堆焊再制造电厂磨煤辊/盘、矿，水泥厂立磨磨辊/盘、矿山粉碎机辊、破碎机锤，复造耐磨复合钢板，复合辊堆焊等的盖面焊丝。

续表

牌号	化学成分% (m/m)										硬度(焊三层)	堆焊层金属特性	焊材应用推荐
	C	Cr	Ni	Mn	Mo	W	V	Nb	Si	其他			
ARCFCW9066	5.6	32	—	≤2	++	-	+	+	+	B, Co	HRc 59—64	*焊后细化的碳化物均匀分布在强在强化的基体内，产生奥氏体，堆焊材料中含初始碳化物 *具有高抗磨性，堆焊材料中含初始碳化物 *由于能分离出细微的非常硬的碳化物铌，使含初始硬碳化物的堆焊材料极抗磨损 *工件表面堆焊后，再变形性有限，不可机械加工处理	适用于对承受高度磨损和中等冲击的部件做硬面堆焊处理，例如堆焊再制造电厂磨煤辊/盘、水泥厂立磨磨辊/盘、矿（钢）渣磨辊/盘、盘瓦、矿山粉碎机辊、破碎机锤、复合辊堆焊复合钢板、复合辊堆焊等的硬面和盖面焊。
ARCFCW9996	5.8	22	—	≤2	+++	+	+	+++	+	B, Co	HRc 59—65	*焊后细化的复合碳化物均匀分布在强化的基体内，具有很高的抗磨损性能 *由于能分离出细微的非常硬的碳化物铌，使含初始硬碳化物的堆焊材料极抗磨损 *当施于磨损应力时，材料显示其耐磨 *具有一般的抗冲击能力，不适合于用火焰切割，抵抗剥落性强。 *不能被机械加工，会有裂缝形成	极其适用于对承受高度磨损和一般耐磨硬面堆焊，伴做硬面堆焊，例如水泥厂立磨磨辊/盘瓦、煤立磨磨辊/盘、电厂磨煤辊/盘瓦、矿（钢）渣磨辊/盘、盘瓦、矿山粉碎机辊、破碎机锤、复合辊堆焊复合钢板、复合辊堆焊等的硬面及盖面焊丝，以及挤压辊的花纹层焊丝。

3. 陶瓷和硬质合金抗磨技术和应用

1）整体陶瓷

近年来耐磨陶瓷工业有了很快的发展，其主要特点是：

（1）硬度高

洛氏硬度（HRA）可达 85 以上，仅次于金刚石。

（2）耐磨性好

如使用得当，普遍提高设备零件使用寿命 5 倍以上。

（3）重量轻

密度仅为钢材的一半。

（4）抗高温氧化

耐磨陶瓷烧结温度为 1600～1700℃，在 1000℃ 以上性能衰减不大。

（5）抗腐蚀

耐磨陶瓷为无机材料，具有优良的抗酸碱性能。

其缺点是：依靠粘结方法的复合陶瓷件虽然耐磨性好，但易脱落；陶瓷易碎，抗冲击性能差。

20 世纪初，美国就开始应用耐磨陶瓷作为防磨材料，随后欧洲、日本都发展了耐磨陶瓷工业，并得到迅速发展，目前，国外主要工业防磨优先采用陶瓷防磨。国内从 20 世纪 90 年代开始大面积应用耐磨陶瓷，其应用范围在逐步扩大。

在水泥装备中，其典型的应用领域为：

（1）生料磨和燃料磨

如立磨进料溜槽、立磨辊轴密封圈、高效选粉机导流叶片、立磨至旋风筒管道、旋风筒、选粉机壳体、煤粉管道和回粉管等；

（2）烧结系统

如增湿塔进出口弯头、蓖冷机至电收尘器管道、蓖冷机至煤磨风管、旋风筒、电收尘器隔栅板和熟料库提升机下料溜槽等；

（3）水泥磨和余热发电

如立磨进料溜槽、进辊压机溜槽、进微型选粉机溜槽、选粉机壳体、循环风机叶轮、壳体、旋风筒及进出口弯头、蓖冷机至沉降室管道和沉降室内壁等。

图 3-58 为整体陶瓷应用的实际照片[25]。

2）陶瓷块和硬质合金镶嵌复合技术

在水泥装备中，利用耐磨陶瓷块或硬质合金块镶嵌在耐磨铸件中以大幅度提高零件的耐磨性技术已经得到广泛应用。其典型实例为河南鼎盛耐磨材料公司生产的"三明治"和"大金牙"超级锤头（图 3-59）。它主要利用一种钨钛硬质合金块（AMC）镶嵌在高锰钢锤头上，以便在新型干法水泥生产线中在粉磨 SiO_2 含量较高的石灰石时仍能获得较好的效果和较长的使用寿命。近几年，在原有技

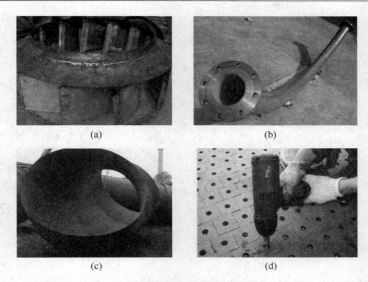

图 3-58 整体陶瓷应用的实际照片[25]

（a）风机叶轮；（b）煤粉输送弯管；（c）高温管道弯管；（d）溜槽

术的基础上，又研发出一种通过镶嵌圆柱型的硬质合金材料来改善铸造工艺和使用性能的新技术，同样取得较好的效果（图 3-60）[17]。

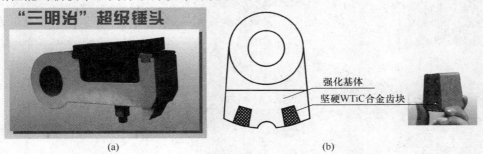

图 3-59 利用组合和镶嵌技术生产的复合锤头[17]

（a）"三明治"超级锤头；（b）"大金牙"超级锤头

图 3-60 镶嵌圆柱型硬质合金条的复合锤头[17]

（a）使用前复合锤头；（b）使用后复合锤头

3）蜂窝陶瓷技术及其应用

近年来，利用陶瓷材料作为复合耐磨件的抗磨体的技术有了新的发展。这项技术最早由比利时马科托（Magotteaux）集团开发和应用，并在各国申报了专利。同时已经作为一种新型的 Xwin 产品在水泥装备的立磨磨辊上得到应用（图 3-61）[6,26]。近年来，国内对陶瓷复合技术及应用非常重视，并进行了系统研究，

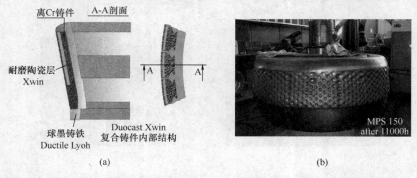

高Cr铸件	A-A剖面
耐磨陶瓷层 Xwin	
球墨铸铁 Ductile Lyoh	Duocast Xwin 复合铸件内部结构

(a)　　　　　　　　　　　　　(b)

MPS 150
after 11000h

图 3-61　比利时马科托（Magotteaux）公司的陶瓷复合铸件的产品和结构[6]

（a）陶瓷复合件的结构；（b）复合陶瓷立磨磨辊

取得了一定成果。其技术原理是将原来的"层状"复合层变为具有"钉扎"作用的"蜂窝状"复合层结构，并浇注成一个复合铸件来使用，这样能有效地解决传统的表面复合层容易剥落，使用寿命较低的技术瓶颈并成功地制造了复合陶瓷锤头（图 3-62，图 3-63）[27]。另外，国内已经采用铸造法分别以高铬铸铁、低合金

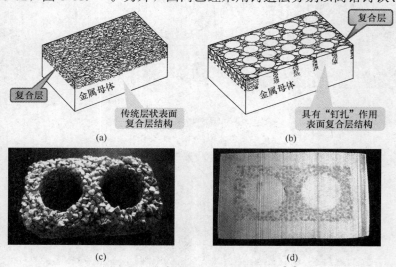

复合层	复合层
金属母体	金属母体
传统层状表面复合层结构	具有"钉扎"作用表面复合层结构

(a)　　　　　　　　　　　　　(b)

(c)　　　　　　　　　　　　　(d)

图 3-62　蜂窝陶瓷复合铸件的结构[27]

（a）传统的层状结构；（b）新型的钉扎蜂窝状结构；

（c）蜂窝状陶瓷块；（d）浇注后的复合陶瓷铸件剖面

钢为基体制备了金属基/ZrO_2-Al_2O_3 的蜂窝陶瓷复合材料，并研究了陶瓷表面镀镍处理和金属基体添加 Ti 对复合材料界面结合与性能的影响[28]。

图 3-63　复合陶瓷锤头[27]

4 高性价比水泥设备配件的选择

4.1 水泥设备及其耐磨配件的分类

4.1.1 水泥设备常用的耐磨零配件分类

1. 水泥生产各工序中常用的耐磨零配件分类见表 4-1。

表 4-1 水泥生产各工序中常用的耐磨零配件

主要工序	采掘	破碎	粉磨	输送	其他
主要磨损零配件	钻机钻头、挖掘机、装载机、斗齿、履带板、推土机履带板	颚式破碎机,动静颚板,圆锥破碎机,轧臼壁、破碎壁、锤式破碎机,锤头、篦板,护板	球磨机一仓、二仓,衬板、隔仓板,出料篦板、磨球、立磨辊套、磨盘衬板、挤压磨磨辊	斗式提升机料斗,螺旋输送机绞刀,输送溜槽、管道阀门	风机风叶,选粉机壳体护板,风叶,撒料盘

2. 水泥生产各工序中磨损设备如图 4-1～图 4-6 所示。主要磨损零配件为立磨辊套、磨盘衬板;主要磨损零配件为挤压磨磨辊。

图 4-1 球(管)磨机外形

主要磨损零配件为球磨机一仓,二仓衬板、隔仓板,出料篦板研磨介质(磨球、磨段)

80

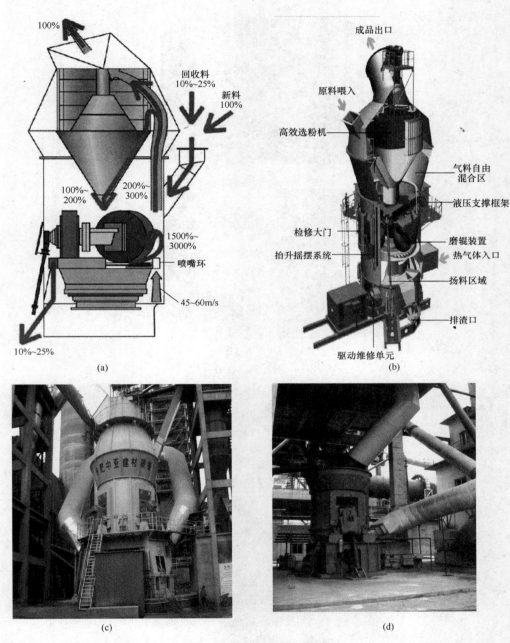

图 4-2 水泥工业用立磨（一）

（a）、（b）不同形式立磨示意图；（c）合肥院用于虎山集团的 HRM4800 立式磨实景照片；
（d）立式煤磨实景照片

(e)

(f)

图 4-2　水泥工业用立磨（二）
（e）HRM2800S 立式矿渣磨实景照片；（f）天津院的生料立磨外型及内部结构

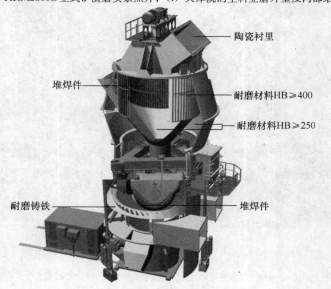

陶瓷衬里

堆焊件

耐磨材料HB≥400

耐磨材料HB≥250

耐磨铸铁

堆焊件

图 4-3　MPS立磨磨辊与磨盘结构

图 4-4　OK 立磨磨辊与磨盘结构

图 4-5　水泥工业用辊压机

图 4-6　合肥院研制的 HFCG 型辊压机
与水泥球磨机工艺系统

4.1.2　水泥装备用耐磨合金和材料分类

4.1.2.1　奥氏体锰钢

高锰钢始于 1882 年，高锰钢的历史就是现代合金钢的历史，令人称奇的是百年前研制成功的含锰 13％ 的高锰钢，即现在通常称之为标准高锰钢或普通高锰钢，仍旧在世界各地广泛应用并取得较好的耐磨损效果。奥氏体锰钢铸件特别是高锰钢铸件产量，目前仍居合金钢铸件首位，奥氏体锰钢铸件广泛应用于冶金、建材、电力、建筑、铁路、国防、煤炭、化工和机械等行业的受不同程度冲击负荷的磨损工况。奥氏体锰钢铸件是耐磨钢铸件中产销量最大的类别，现今奥氏体锰钢广泛应用于制造圆锥式破碎机轧臼壁和破碎壁、中大型颚式破碎机颚板、大型锤式破碎机锤头、冶金矿山中大型球磨机（棒磨机、自磨机）衬板、铁路辙叉、军用战车履带板等耐磨件。水泥破碎粉磨设备受高冲击的耐磨部位大多采用奥氏体锰钢。

近年来我国奥氏体锰钢铸件生产技术水平有了较大的提高，原《高锰钢铸件》国标的某些技术指标已显落后，为提高技术指标要求和标准水平以适应奥氏体锰钢铸件研发、生产、检测和应用的需求，在国家标准 GB/T 5680—1998《高锰钢铸件》基础上，根据国内奥氏体锰钢铸件研发、生产、检测和应用的实际情况，参考国际标准 ISO 13521：1999《奥氏体锰钢铸件》（英文版），编制了新的国家标准 GB/T 5680—2010《奥氏体锰钢铸件》。其奥氏体锰钢铸件的牌号及化学成分见表 4-1。

表 4-1　奥氏体锰钢铸件的牌号及化学成分

牌　号	化学成分（质量分数/%）								
	C	Si	Mn	P	S	Cr	Mo	Ni	W
ZG120Mn7Mo1	1.05~1.35	0.3~0.9	6.0~8.0	<0.06	<0.04	—	0.9~1.2	—	—
ZG110Mn13Mo1	0.75~1.35	0.3~0.9	11.0~14.0	<0.06	<0.04	—	0.9~1.2	—	—
ZG100Mn13	0.90~1.05	0.3~0.9	11.0~14.0	<0.06	<0.04	—	—	—	—
ZG120Mn13	1.05~1.35	0.3~0.9	11.0~14.0	<0.06	<0.04	—	—	—	—
ZG120Mn13Cr2	1.05~1.35	0.3~0.9	11.0~14.0	<0.06	<0.04	1.5~2.5	—	—	—
ZG120Mn13W1	1.05~1.35	0.3~0.9	11.0~14.0	<0.06	<0.04	—	—	—	0.9~1.2
ZG120Mn13Ni3	1.05~1.35	0.3~0.9	11.0~14.0	<0.06	<0.04	—	—	3.0~4.0	—
ZG90Mn14Mo1	0.70~1.00	0.3~0.9	13.0~15.0	<0.07	<0.04	—	1.0~1.8	—	—
ZG120Mn17	1.05~1.35	0.3~0.9	16.0~19.0	<0.06	<0.04	—	—	—	—
ZG120Mn17Cr2	1.05~1.35	0.3~0.9	16.0~19.0	<0.06	<0.04	1.5~2.5	—	—	—

注：允许加入微量 V、Ti、Nb、B 和 RE 等元素。

GB/T 5680—2010《奥氏体锰钢铸件》代替 GB/T 5680—1998《高锰钢铸件》，与原 GB/T 5680—1998 相比，GB/T 5680—2010《奥氏体锰钢铸件》整体技术水平提高，主要技术内容修订如下：

（1）根据 GB/T 5613《铸钢牌号表示方法》，借鉴 ISO 13521：1999《奥氏体锰钢铸件》中含碳量的表示方法，修改了本标准牌号表示方法。例如 ZG120Mn13Cr2。

（2）调整和增加了牌号。将原 ZGMn13-1、ZGMn13-2 和 ZGMn13-3 合并调整为 ZG100Mn13 和 ZG120Mn13；将原 ZGMn13-4 和 ZGMn13-5 分别更名为 ZG120Mn13Cr2 和 ZG110Mn13Mo1；新增加 ZG120Mn7Mo1、ZG120Mn13W1、ZG120Mn13Ni3、ZG90Mn14Mo1、ZG120Mn17 和 ZG120Mn17Cr2 等 6 个牌号。

（3）依据 ISO 13521：1999 规定，调整了化学成分。各牌号含碳量上限定为 1.35%，含硅量上限定为 0.9%，删除了钢的成品化学成分允许偏差要求。

（4）对有害元素 P 进行了强制控制。降低了 P 的含量，原有牌号的含磷量上限由 0.070% 降至 0.060%，提高了技术要求。

（5）根据国内外生产和应用的实际情况，各牌号允许加入微量 V、Ti、Nb、B 和 RE 等元素，以提高奥氏体锰钢铸件的综合性能。

（6）增加了热处理规范。当铸件厚度小于 45mm 且含碳量少于 0.8% 时，ZG90Mn14Mo1 可以不经过热处理而直接供货。厚度大于或等于 45mm 且含碳量高于或等于 0.8% 的 ZG90Mn14Mo1 以及其他所有牌号的铸件必须进行水韧处理（水淬固溶处理），铸件应均匀地加热和保温，水韧处理温度不低于 1040℃，且须快速入水处理，铸件入水后水温不得超过 50℃。

（7）修改了重大焊补要求。重大焊补须经需方事先同意，实际上提高了技术要求。

（8）增加了晶粒度要求。晶粒度按 GB/T 6394 中规定评级，显微晶粒度级别数不小于 2 为合格，有助于保证锰钢铸件质量。

（9）提高了单铸试块（试样）的热处理要求。除另有规定外，单铸试块（试样）与其所代表的锰钢和铸件应用相同工艺同炉一起进行水韧处理，提高了技术要求。

奥氏体锰钢及其铸件的力学性能见表 4-2。

表 4-2　奥氏体锰钢及其铸件的力学性能

牌　　号	力学性能			
	下屈服强度 R_{el}（MPa）	抗拉强度 R_m（MPa）	断后伸长率 A（%）	冲击吸收能 K_{u2}（J）
ZG120Mn13	—	>685	>25	>118
ZG120Mn13Cr2	>390	>735	>20	—

我国水泥工业破碎粉磨设备受高冲击的耐磨部位大多采用奥氏体锰钢，都应该严格按新标准执行，特别是颚式破碎机动静颚板；圆锥破轧臼壁，破碎壁；锤式破碎机锤头等。采用最多的两种牌号见表 4-3。

表 4-3　我国水泥工业常用奥氏体锰钢化学成分设计（%）

元素	C	Si	Mn	P	S	Cr	Mo	V	Ti	RE	B
ZG120Mn13Cr2	0.95~1.2	0.4~0.6	12.0~14.0	<0.05	<0.03	1.5~2.0	0~0.30	0.1~0.2	0.08~0.12	+0.25	+0.02
ZG120Mn17Cr2	0.9~1.15	0.4~0.6	16.5~18.5	<0.05	<0.03	1.8~2.1	0.3~0.8	0.1~0.25	0.08~0.12	+0.25	+0.02

ZG120Mn13Cr2 和 ZG120Mn17Cr2 含碳量控制在 0.95%～1.15%，含锰量控制在 12.5%～17.0%；硅在奥氏体锰钢中主要起脱氧作用，含量高容易使碳化物在晶界析出，一般控制在 0.6% 以下。有害元素磷一般控制在 0.06% 以下；锤式破碎机大锤头（100kg 以上）控制在 0.045% 以下，有的单位控制在 0.035% 左右。

为了提高奥氏体锰钢的耐磨性能应从成分设计、熔炼、铸型生产、热处理等方面不断进行技术创新。采用炉底吹氩气，加入钒、钛、铌、稀土、硼等微量元素，复合变质剂，纳米变质剂，脱氧去气，细化晶粒。采用先进的测温技术，以大锤头为例，严格控制浇注温度在 1410～1430℃。

热处理水温控制在 40℃ 以下，由于加入多种合金元素，淬火温度一般为 1080～1100℃。

4.1.2.2　抗磨白口铸铁

水泥工业破碎粉磨设备中受冲击小的磨损部位，近年来大多采用抗磨高铬铸铁。有的高冲击磨损部位采用高铬铸铁与合金钢双金属复合铸造，如双金属复合锤头、复合衬板等。立磨磨辊、磨盘衬板采用高铬铸铁铸造，或采用堆焊高铬合金。

GB/T 8263—2010《抗磨白口铸铁件》国家标准，经全国铸造标准化技术委员会审查，国家质量监督检验检疫总局和中国国家标准化管理委员会批准，2011 年 6 月 1 日正式实施，并从此日起代替 GB/T 8263—1999《抗磨白口铸铁件》国家标准。

修订后《抗磨白口铸铁件》国家标准的主要内容，根据抗磨白口铸铁的化学成分规定了 10 个牌号。抗磨白口铸铁件的牌号及化学成分见表 4-4。

表 4-4　抗磨白口铸铁件的牌号及化学成分

牌号	化学成分（质量分数/%）								
	C	Si	Mn	Cr	Mo	Ni	Cu	S	P
BTMNi4Cr2-DT	2.4~3.0	<0.8	<2.0	1.5~3.0	<1.0	3.3~5.0	—	<0.10	<0.10

牌号	化学成分（质量分数/%）								
	C	Si	Mn	Cr	Mo	Ni	Cu	S	P
BTMNi4Cr2-GT	3.0～3.6	<0.8	<2.0	1.5～3.0	<1.0	3.3～5.0	—	<0.10	<0.10
BTMCr9Ni5	2.5～3.6	1.5～2.2	<2.0	8.0～10.0	<1.0	4.5～7.0		<0.06	<0.06
BTMCr2	2.1～3.6	<1.5	<2.0	1.0～3.0				<0.10	<0.10
BTMCr8	2.1～3.6	1.5～2.2	<2.0	7.0～10.0	<3.0	<1.0	<1.2	<0.06	<0.06
BTMCr13-DT	1.1～2.0	<1.5	<2.0	11.0～14.0	<3.0	<2.5	<1.2	<0.06	<0.06
BTMCr13-GT	2.0～3.6	<1.5	<2.0	11.0～14.0	<3.0	<2.5	<1.2	<0.06	<0.06
BTMCr15	2.0～3.6	<1.2	<2.0	14.0～18.0	<3.0	<2.5	<1.2	<0.06	<0.06
BTMCr20	2.0～3.3	<1.2	<2.0	18.0～23.0	<3.0	<2.5	<1.2	<0.06	<0.06
BTMCr26	2.0～3.3	<1.2	<2.0	23.0～30.0	<3.0	<2.5	<1.2	<0.06	<0.06

注：1. 牌号中"DT"和"GT"分别是"低碳"和"高碳"的汉语拼音大写字母，表示该牌号含碳量的高低；

　　2. 允许加入微量 V、Ti、Nb、B 和 RE 等元素。

本标准适用于冶金、建材、电力、建筑、船舶、煤炭、化工和机械等行业的抗磨损零部件，尤其适用于反击式破碎机板锤、球磨机衬板、立式磨机和中速磨煤机磨辊和磨盘、渣浆泵过流件、耐磨管道等磨料磨损工况应用的耐磨件。

抗磨白口铸铁件基本上按照含铬量确定牌号，因此含铬量是抗磨白口铸铁件的首要成分。依含铬量高低将铬合金抗磨白口铸铁分为 7 个牌号，其中 BTMCr26、BTMCr20、BTMCr15、BTMCr13-GT 和 BTMCr13-DT 是通常意义的高铬铸铁，BTMCr8 是中铬铸铁，BTMCr2 是低铬铸铁。高铬铸铁中含铬量范围与 ASTM 标准相同，符合国际惯例。

含碳量是通过控制抗磨白口铸铁件碳化物类型和体积分数进而控制抗磨白口铸铁件硬度、韧性等力学性能的主要因数，现有的成分范围也为选择热处理方式创造了条件。BTMCr26、BTMCr20、BTMCr15 和 BTMCr13-GT 4 个牌号高铬铸铁的含碳量上限较高，分别为 3.3、3.3、3.6 和 3.6，基本在共晶成分左右，甚至达到过共晶成分，这反映了近些年高铬铸铁研发和生产实践成果，以高硬度为标志的过共晶和共晶高铬铸铁件在冲刷磨损工况如渣浆泵过流件、耐磨管道等表现出较高的耐磨性能。BTMCr13-DT 牌号的含碳量范围为 1.1～2.0，业内也有称之为高铬铸钢，但因铸造过程有共晶反应并形成共晶碳化物，严格地说还是高铬铸铁，该牌号的特点是含碳量较低致使韧性较高因而可用作球磨机衬板等有一定冲击负荷的耐磨件。

在抗磨白口铸铁件中以上限控制含硅量。对于 BTMCr26、BTMCr20 和 BTMCr15 3 个牌号高铬铸铁件要考虑淬透性和淬火硬度等实际问题，因而控制 Si≤1.2（实际生产控制在 0.6% 左右）；对于可采用铸态去应力处理生产方式的铬合金抗磨白口铸铁件，含硅量还可以高一些，以改善组织中碳化物形态；BTMCr8 和 BTMCr9Ni5 含硅量范围都是 1.5～2.2，主要考虑此显微组织中能有更多的 M_7C_3 型高硬度共晶碳化物，以提高综合性能。锰、钼、镍、铜等合金元素固溶强化基体并提高抗磨白口铸铁件的淬透性，根据铸件壁厚和硬化热处理方式，可选择调整合金元素含量。

标准还允许各牌号抗磨白口铸铁件加入微量 V、Ti、Nb、B 和 RE 等元素，主要原因是这些元素有助于细化晶粒、提高铸铁件力学性能和耐磨性能。当然选用合金元素需要考虑性价比问题。

抗磨白口铸铁件的硬度见表 4-5，抗磨白口铸铁件的热处理见表 4-6，抗磨白口铸铁的金相组织见表 4-7。

表 4-5　抗磨白口铸铁件的硬度

牌　　号	表　面　硬　度					
	铸态或铸态去应力处理		硬化态或硬化态去应力处理		软化退火态	
	HRC	HBW	HRC	HBW	HRC	HBW
BTMNi4Cr2-DT	＞53	＞550	＞56	＞600	—	—
BTMNi4Cr2-GT	＞53	＞550	＞56	＞600	—	—
BTMCr9Ni5	＞50	＞500	＞56	＞600	—	—
BTMCr2	＞45	＞435	—	—	—	—
BTMCr8	＞46	＞450	＞56	＞600	＜41	＜400

牌　　号	表　面　硬　度					
	铸态或铸态去应力处理		硬化态或硬化态去应力处理		软化退火态	
	HRC	HBW	HRC	HBW	HRC	HBW
BTMCr13-DT	—	—	＞50	＞500	＜41	＜400
BTMCr13-GT	＞46	＞450	＞58	＞650	＜41	＜400
BTMCr15	＞46	＞450	＞58	＞650	＜41	＜400
BTMCr20	＞46	＞450	＞58	＞650	＜41	＜400
BTMCr26	＞46	＞450	＞58	＞650	＜41	＜400

注：1. 洛氏硬度值（HRC）和布氏硬度值（HBW）之间没有精确的对应值，因此，这两种硬度值应独立使用；

2. 铸件断面深度 40% 处的硬度应不低于表面硬度值的 92%。

表 4-6　抗磨白口铸铁件热处理规范

牌号	软化退火处理	硬化处理	回火处理
BTMNi4Cr2-DT	—	430～470℃保温 4～6h，出炉空冷或炉冷	在 250～300℃保温 6～16h 出炉空冷或炉冷
BTMNi4Cr2-GT			
BTMCr9Ni5	—	800～850℃保温 6～16h，出炉空冷或炉冷	
BTMCr8	920～960℃保温缓冷至 700～750℃保温，缓冷至 600℃以下出炉空冷或炉冷	940～980℃保温，出炉后以合适的方式快速冷却	在 200～550℃保温，出炉空冷或炉冷
BTMCr13-DT		900～980℃保温，出炉后以合适的方式快速冷却	
BTMCr13-GT		900～980℃保温，出炉后以合适的方式快速冷却	
BTMCr15		920～1000℃保温，出炉后以合适的方式快速冷却	
BTMCr20	960～1060℃保温缓冷至 700℃～750℃保温，缓冷至 600℃以下出炉空冷或炉冷	950～1050℃保温，出炉后以合适的方式快速冷却	
BTMCr26		960～1060℃保温，出炉后以合适的方式快速冷却	

注：1. 热处理规范中保温时间主要由铸件壁厚决定；

2. BTMCr2 经 200～650℃去应力处理。

表 4-7　抗磨白口铸铁的金相组织

牌　　号	金相组织	
	铸态或铸态去应力处理	硬化态或硬化态去应力处理
BTMNi4Cr2-DT	共晶碳化物 M3C＋马氏体 ＋贝氏体＋奥氏体	共晶碳化物 M3C＋马氏体 ＋贝氏体＋残余奥氏体
BTMNi4Cr2-GT		
BTMCr9Ni5	共晶碳化物（M7C3＋少量 M3C） ＋马氏体＋奥氏体	共晶碳化物（M7C3＋少量 M3C） ＋二次碳化物＋马氏体＋残余奥氏体
BTMCr2	共晶碳化物 M3C＋珠光体	—
BTMCr8	共晶碳化物（M7C3＋少量 M3C） ＋细珠光体	共晶碳化物（M7C3＋少量 M3C） ＋二次碳化物＋马氏体＋残余奥氏体
BTMCr13-DT	—	碳化物＋马氏体＋残余奥氏体
BTMCr13-GT	碳化物＋奥氏体及其转变产物	
BTMCr15		
BTMCr20		
BTMCr26		

抗磨白口铸铁件必须进行适当的热处理，抗磨白口铸铁件的热处理规范见表 4-6，在实际生产中，可根据具体情况参照标准中表 4-6 制定铸件的热处理规范。表 4-6 有较高的参考价值，但并未要求生产企业必须采用这种热处理规范，实际上目前热处理的方式是多种多样的，在达到标准关于化学成分和硬度要求的前提下，生产企业可选择适于铸件的热处理方式。

近年来热处理工艺不断发展，热处理设备从单一热处理炉发展到连续热处理炉；淬火介质从简单风淬到采用油淬、介质淬，不断提高材料使用寿命，降低综合制造成本，生产高性价比的耐磨备件。

4.1.2.3　耐磨铸钢件

多年来由于奥氏体锰钢初始硬度低，在受冲击力小时不能产生加工硬化，耐磨性能差；奥氏体锰钢屈服强度低，使用中容易产生塑性变。因此球磨机衬板等耐磨件经常采用耐磨合金钢。高铬铸铁硬度高，但韧性低，在冲击力大的地方使用很容易断裂。因此选择使用耐磨合金钢或采用双金属复合铸造。

由于近年来各类合金钢被广泛使用，为了在不同工况条件，合理地使用合金钢，2011 年 6 月 16 日国家质量监督检验检疫总局、国家标准化管理委员会发布：国家标准 GB/T 26651—2011《耐磨钢铸件》，其化学成分见表 4-8，耐磨铸钢及其铸件的力学性能见表 4-9。

表 4-8　耐磨铸钢的化学成分

牌　　号	化学成分（质量分数/%）							
	C	Si	Mn	Cr	Mo	Ni	S	P
ZG30Mn2Si	0.25~0.35	0.5~1.2	1.3~2.2	—		—	<0.04	<0.04
ZG30Mn2SiCr	0.25~0.35	0.5~1.2	1.3~2.2	0.5~1.2			<0.04	<0.04
ZG30CrMnSiMo	0.25~0.35	0.5~1.8	0.6~1.6	0.5~1.8	0.3~0.8		<0.04	<0.04
ZG30CrNiMo	0.25~0.35	0.4~0.8	0.4~1.0	0.5~2.0	0.3~0.8	0.3~2.0	<0.04	<0.04
ZG40CrNiMo	0.35~0.45	0.4~0.8	0.4~1.0	0.5~2.0	0.3~0.8	0.3~2.0	<0.04	<0.04
ZG42Cr2Si2MnMo	0.38~0.48	1.5~1.8	0.8~1.2	1.8~2.2	0.3~0.6		<0.04	<0.04
ZG45Cr2Mo	0.40~0.48	0.8~1.2	0.4~1.0	1.7~2.0	0.8~1.2	<0.5	<0.04	<0.04
ZG30Cr5Mo	0.25~0.35	0.4~1.0	0.5~1.2	4.0~6.0	0.3~0.8	<0.5	<0.04	<0.04
ZG40Cr5Mo	0.35~0.45	0.4~1.0	0.5~1.2	4.0~6.0	0.3~0.8	<0.5	<0.04	<0.04
ZG50Cr5Mo	0.45~0.55	0.4~1.0	0.5~1.2	4.0~6.0	0.3~0.8	<0.5	<0.04	<0.04
ZG60Cr5Mo	0.55~0.65	0.4~1.0	0.5~1.2	4.0~6.0	0.3~0.8	<0.5	<0.04	<0.04

注：允许加入微量 V、Ti、Nb、B 和 RE 等元素。

表 4-9　耐磨铸钢及其铸件的力学性能

牌　　号	表面硬度（HRC）	冲击吸收能量 K_{v2}（J）	冲击吸收能量 K_{N2}（J）
ZG30Mn2Si	>45	>12	—
ZG30Mn2SiCr	>45	>12	—
ZG30CrMnSiMo	>45	>12	—
ZG30CrNiMo	>45	>12	—
ZG40CrNiMo	>50	—	>25
ZG42Cr2Si2MnMo	>50	—	>25

续表

牌　　号	表面硬度（HRC）	冲击吸收能量 K_{v2}（J）	冲击吸收能量 K_{N2}（J）
ZG45Cr2Mo	＞50	—	＞25
ZG30Cr5Mo	＞42	＞12	—
ZG40Cr5Mo	＞44	—	＞25
ZG50Cr5Mo	＞46	—	＞15
ZG60Cr5Mo	＞48	—	＞10

注：下标 V、N 分别代表 V 型缺口和无缺口试样。

标准规定耐磨钢铸件 11 个标准，包括低碳低合金钢、低碳中合金钢、中碳中合金钢及中碳高合金钢，也包括水淬钢、油淬钢、介质淬钢和空淬钢。

国家标准 GB/T 26651—2011《耐磨钢铸件》使耐磨钢生产更加规范，使用更加合理。生产厂家根据配件的工况条件，按照企业标准（要高于国家标准）选择合适的耐磨钢种。

4.1.2.4　耐磨钢铁基复合材料

近年来为了提高配件的使用寿命，降低原材料的成本，许多单位开始研究和生产耐磨钢铁基复合材料。它是以铸造的方法制备出由两种或两种以上的材料化学冶金结合的具有良好耐磨性能的复合材料零配件。

耐磨复合材料铸件分 3 个类别，即镶铸合金复合材料铸件、双液铸造双金属复合材料铸件、铸渗合金复合材料铸件。

1. 镶铸合金复合材料铸件

复合材料的组成是硬质合金块增强体与铸钢和铸铁复合，采用镶铸工艺铸造成型的镶铸合金复合材料铸件。除供需双方另有规定外，供方可以根据铸件的技术要求和使用条件，选择镶铸合金复合材料的硬质合金块或抗磨白口铁块的牌号、尺寸、数量和镶铸位置，以及铸件基体铸钢或铸铁牌号。

2. 双液铸造双金属复合材料铸件

采用两种液态金属分别浇注成型的双液铸造双金属复合材料铸件，复合材料的组成是抗磨白口铸铁层及铸钢或铸铁层，除供需双方另有规定外，供方可以根据铸件的技术要求和使用条件，选择双液铸造双金属复合材料铸件（抗磨白口铁层）牌号、形状和尺寸，以及复合材料铸件基体铸钢或铸铁牌号。

3. 铸渗合金复合材料铸件

采用铸渗工艺铸造成型的铸渗合金复合材料铸件。复合材料的组成是硬质相颗粒增强体与铸钢和铸铁复合。除供需双方另有规定外，供方可以根据铸件的技术要求和使用条件，选择铸渗合金复合材料铸件的硬质相颗粒种类、形状、尺寸、数量和铸渗位置，以及复合材料铸件基体铸钢或铸铁牌号。

铸渗合金复合材料铸件的硬质相除了硬质合金、抗磨白口铁、WC 和（或）TiC 等金属陶瓷外，供需双方可以根据铸件的技术要求和使用条件，选择对使用最有利的其他硬质相颗粒。

耐磨复合材料铸件必须保证复合材料组成之间为冶金结合。为了规范耐磨复合材料铸件的生产和使用，2011 年 6 月 16 日国家质量监督检验检疫总局、国家标准化管理委员会发布：国家标准 GB/T 26652—2011《耐磨损复合材料铸件》，使今后生产使用耐磨损复合材料有章可循。

4.1.2.5 耐磨球墨铸铁

1. 等温淬火球墨铸铁（ADI）

半个世纪前，球墨铸铁研制成功。人类首次有目的地使铸铁的片状石墨向球状石墨转变，极大地提高了铸铁材料的力学性能。进入 20 世纪 70 年代末，"中国、美国和芬兰彼此独立地几乎又是同时宣布各自研究成功了贝氏体球墨铸铁"。人们把钢的等温淬火工艺移植到球墨铸铁的热处理中，使球铁的基体组织在中温转变区产生贝氏体和残余奥氏体组织，即人们称为的"奥氏体贝氏体球墨铸铁"ADI。这种新材料具有强度、韧性、塑性、耐磨性和疲劳性能都优越的力学性能，是球铁出现后这种材料的基体组织由一般的珠光体、铁素体组织转变为奥氏体—贝氏体组织，被誉为近 30 年铸铁冶金方面的重大成就。

等温淬火球墨铸铁 ADI，具有强度、韧性、塑性、耐磨性和疲劳性能都优越的综合力学性能（抗拉强度 1000MPa 以上，伸长率 10% 以上），特别是具有很高的弯曲疲劳强度（400～500MPa）和良好的耐磨性能。

2. 含碳化物的等温淬火球墨铸铁（Carbidic Austempered Ductile Iron，简称 CADI）

CADI 是近年来由 ADI 派生出的一种新型的球墨铸铁材料。它继承了 ADI 的许多优越性能，它还表现出比 ADI 更好的耐磨性。更适用于要求优良的耐磨性和足够韧性的工况条件，是一种应用前景较广的耐磨材料。

在 CADI 组织中含有数量适宜，硬度相当高，具有较高韧性的基体上，弥散分布着团块状的合金碳化物，因此在相同工况条件下比 ADI 更耐磨。

3. 含碳化物的等温淬火球墨铸铁 CADI 的应用

等温淬火球墨铸铁（ADI），由于其高强度、高韧性、高耐磨性，故在很多汽车结构件上广泛应用，如汽车曲轴、齿轮系列等。

在等温淬火球墨铸铁（ADI）发展起来的含碳化物的等温淬火球墨铸铁 CADI，其热处理经过：①奥氏体化；②冷却；③等温淬火；④出炉 4 个阶段。等温淬火后在基体中残留一定量的奥氏体，它和针状铁素体组织合称奥铁体。CADI 的金相组织是由奥铁体、碳化物和石墨球组成。硬度在 HRC52 以上，冲

击韧性 $a_k=7\sim15\mathrm{J/cm^2}$ 高于高铬铸铁。

近年来在耐磨材料行业开始广泛应用，特别是在球磨机磨球上应用效果明显。有一单位的 CADI 磨球于 2009 年 5 月 18 日开始考核，先后在 6 个选矿厂的直径在 1.5～3.6m 的几十台磨机中应用，其效果有：

① 在相同工况条件下耐磨性是低铬球的 3～4 倍；

② 应用 CADI 磨球后，台时产量提高 10%～20%；

③ 采用 CADI 磨球后球磨机节电 15%～20%。

目前有许多单位在生产 CADI 耐磨产品，用于磨球和磨机衬板上。

4.2 矿石破碎系统

4.2.1 圆锥破碎机使用工况、生产方法及耐磨材料的选择

4.2.1.1 使用工况条件

1. 工作原理

圆锥破碎机是一种综合型的破碎设备。按其应用分为粗碎和细碎两种；按方位定锥与动锥方位相同称为西蒙式破碎机，定锥与动锥方位相反称为盖茨破碎机，也叫旋回式破碎机；按结构分为固定轴式圆锥破碎机和悬挂式圆锥破碎机。圆锥破碎机破碎比大、效率高、电耗小、产品粒度均匀，适合破碎硬矿石。

工作原理是"动锥"围绕主轴作偏心自由运动，使动锥沿着定锥内表面作偏心旋转运动，矿石在"动锥"离开"定锥"一侧的瞬间落入破碎腔，在动锥冲向定锥时物料受挤压和弯曲的作用被第一次破碎；当动锥再次离开定锥时，矿石落入第二次被破碎的位置，矿石经过几次下落和破碎后，达到要求的粒度被排出。

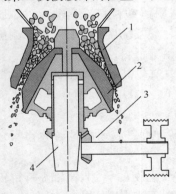

图 4-7 圆锥式破碎机结构原理图

1—定锥；2—动锥；3—锥轮
传动；4—偏心摆动机构

图 4-7 为工作原理示意图。

2. 磨损机理

① 观察圆锥破碎机衬板表面磨损形貌可知，随着矿石普氏硬度 f 值的变化而变化；f 值高的矿石难破碎，圆锥破碎机衬板表面磨损形貌以凿削和挤压为主；f 值低的矿石易于破碎，衬板表面以犁削为主。

② 圆锥破碎机破碎力大、转速高，衬板瞬间受到巨大的挤压应力和切应力，这两种应力反复综合作用，使衬板亚表层金属产生密聚的位错和滑移，形成亚表层的低周疲劳裂纹，这也是一种磨损方式。

4.2.1.2　破碎壁和轧臼壁铸型生产方法

破碎壁和轧臼壁可以采用砂型铸造，包括水玻璃石英砂用二氧化碳硬化、树脂砂等，采用 V 法铸造、消失模铸造、铁模覆砂铸造等。

图 4-8 为采用水玻璃石英砂用二氧化碳硬化、树脂砂生产的破碎机定锥。

(a)　　　　　　　　　　　　　　　　(b)

(c)　　　　　　　　　　　　　　　　(d)

图 4-8　砂型铸造破碎机定锥

（a）铸型下箱；（b）铸型上箱；

（c）浇注后的定锥；（d）清理后的定锥和动锥

1. 砂型铸造破碎机定锥

2. V 法铸造的轧臼壁铸造工艺

铸件重 2100kg，外形尺寸为 2300mm。V 法铸造工艺的关键是在轧臼壁铸件裙边内圈安放约 30 块冷铁，以提高内圈工作面的致密度，保证其晶粒度达到 4 级以上。图 4-9 为 V 法铸型，图 4-10 为 V 法铸造工艺。在轧臼壁铸件裙边内圈安放约 30 块冷铁，可基本消除缩孔缩松。

3. 采用消失模生产破碎机动锥模型

采用消失模生产破碎机动锥模型如图 4-11 所示。

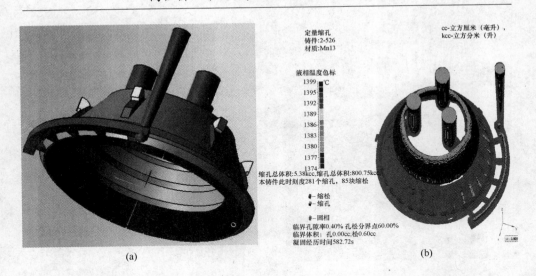

定量缩孔
铸件:2-526
材质:Mn13

cc-立方厘米（毫升），
kcc-立方分米（升）

液相温度色标
1399 ℃
1395
1392
1389
1386
1383
1380
1377
1374
缩孔总体积:5.38kcc,缩孔总体积:800.75kcc
本铸件此时刻度281个缩孔，85块缩松

● -缩松
● -缩孔
■ -固相
临界孔隙率0.40% 孔松分界点60.00%
临界体积：孔0.00cc,松0.60cc
凝固经历时间582.72s

(a)   (b)

图 4-9　V 法铸型

（a）在轧臼壁铸件裙边内圈安放约 30 块冷铁，可消除缩孔缩松；
（b）采用铸造 CAE 数值模拟的轧臼壁铸造凝固模拟

4. 铁模覆砂工艺

上下箱采用普通灰口铁，根据轧臼壁和破碎壁的形状制成铁模，分别进行覆砂浇注，这种工艺铸件冷却速度高于其他生产方法，因此晶粒细，耐磨性能好。目前已经小批量生产，其工艺处于封闭阶段。

4.2.1.3　破碎壁和轧臼壁采用的耐磨材料

1. 破碎壁和轧臼壁材料的选择

由于磨损失效以凿削和挤压为主，低周疲劳为辅，因此圆锥破碎机衬板既要求有高硬度以抵抗矿石的凿削和切削，又要有很高的强韧性以抵抗低周疲劳及巨大的冲击载荷。

高锰钢具有良好的塑性、韧性，受冲击产生加工硬化，耐磨性好，是首选材料。但是当石灰石中混入黏土类软物料时，高锰钢加工硬化能力不能充分发挥，反而不耐磨。这时应选择加入 Cr、V、Ti 等合金元素的合金高锰钢，提高初始硬度和加工硬化能力，使用寿命可提高 50％以上。目前破碎壁和轧臼壁采用的材料为 ZG120Mn13Cr2 和 ZG120Mn17Cr2。

2. 破碎壁和轧臼壁熔炼工艺

目前许多厂都是采用中频炉熔炼。为得到高质量的破碎壁和轧臼壁，生产厂要做到以下几点：

（1）严格控制原材料，选择无锈蚀、无油污的废钢，合适的铁合金材料。

（2）严格控制化学成分，锰/碳比应大于 10，含碳量为 0.95％～1.2％，含

图 4-10 V 法铸造工艺

（a）轧臼壁（定锥）V 法木模；（b）轧臼壁（定锥）铸件；

（c）待清理的轧臼壁（定锥）铸件；（d）浇注完好的破碎壁（动锥）铸件；

（e）一批 V 法轧臼壁（定锥）铸件；（f）V 法生产的破碎壁（动锥）

硅小于 0.6%，含磷量小于 0.045%。

（3）加外冷铁、加悬浮剂、加内冷铁、加硬质合金柱等，细化晶粒，提高耐磨性能。

（4）严格控制出钢温度在 1480~1550℃，浇注温度 1390~1430℃，确保晶粒细化，晶粒度要大于 2 级，提高铸件耐磨性能。

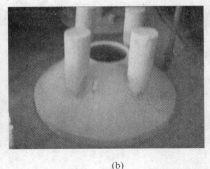

(a)   (b)

图 4-11　消失模生产破碎机动锥模型

（5）要采用精炼技术，如炉底吹氩气。包内吹氩气，加复合变质剂，纳米变质剂等方法，脱氧去气，去夹杂，纯净钢水，使氮、氢、氧及非金属夹杂极低。

图 4-12 为采用底铸式浇包，包内吹氩气。

(a)   (b)

图 4-12　包内吹氩气底铸式浇包

3. 破碎壁和轧臼壁热处理工艺

严格执行合理的热处理工艺规程。采用先进方便的热处理工装设备，铸件放置要大口朝下。破碎壁和轧臼壁铸件厚大复杂，材料是采用加入强化元素的合金奥氏体锰钢，所以热处理升温速度要低，先在 150℃ 保温 1h，之后再以 60～100℃/h 升到 650℃，保温 2～3h。之后随炉升温到 1080～1100℃ 保温 4～5h（铸件每 25mm 厚保温 1h，再增加 1h）。

水温控制在 20～30℃，破碎壁和轧臼壁铸件要在 45s 内入水，下水后要上下左右来回摆动，冲破蒸汽膜，提高冷却效果。

破碎壁和轧臼壁热处理采用圆形钟罩式台车电炉，密封、环保、节能效果好，铸件脱碳少，使用方便。圆形钟罩式台车电炉热处理如图 4-13、图 4-14 所示。

图 4-13　升起圆形钟罩开出台车　　图 4-14　采用特制夹具提起破碎壁准备水淬

4.2.1.4　破碎壁和轧臼壁生产工艺的发展趋势

1. 铸型工艺

破碎壁和轧臼壁采用铁模覆砂工艺好，细化铸件晶粒明显，耐磨性能大幅度提高，是今后的发展方向之一；破碎壁和轧臼壁采用定型砂箱制造，节约型砂生产效率高；采用 V 法生产破碎壁和轧臼壁尺寸准确，表面质量好，生产效率高，是今后有一定批量的中小破碎壁和轧臼壁的发展方向之一；同时要合理设计浇冒口，在铸型加外冷铁、加悬浮剂、加内冷铁、加硬质合金柱等，细化晶粒，提高耐磨性能。

积极推广铸造 CAE 数值模拟技术，合理确定铸型工艺，是今后铸型工艺的发展方向之一。

2. 冶炼工艺

严格控制化学成分，锰/碳比应大于 10，含碳量为 0.95%～1.2%，含硅小于 0.6%，含磷量小于 0.045%。

采用精炼技术，如炉底吹氩气，包内吹氩气。加复合变质剂、纳米变质剂等方法，脱氧去气、去夹渣、纯净钢水，使氮、氢、氧及非金属夹渣极低，是冶炼工艺的发展方向。同时要严格控制出钢温度在 1480～1550℃，浇注温度1390～1430℃，确保晶粒细化，晶粒度要大于 2 级。提高铸件耐磨性能。

3. 热处理工艺

要严格执行合理的热处理工艺。热处理采用圆形钟罩式台车电炉，密封、环保、节能效果好，铸件脱碳少，使用方便，是热处理发展的一个方向。

4.2.2　颚式破碎机颚板使用工况、生产方法及耐磨材料的选择

4.2.2.1 使用工况条件

1. 工作原理

水泥矿山用于粗碎、中碎的简摆颚式破碎机和用于中碎、细碎的破碎石灰石及熟料的复合摆颚式破碎机，它们工作时都是由动颚板周期性地靠近和离开固定颚板，使进入破碎腔的物料受到挤压、劈裂和弯曲剪切等作用而被沿其解理面破碎，达到一定的粒度后从排料口排出。动颚板是直接承受物料破碎的关键部件，当物料破碎作为集中载荷并垂直地作用在动颚上，使之产生弯曲应力和剪切应力，平行于动颚的作用力则产生拉应力和弯曲应力的联合作用，因此动颚承受拉伸、弯曲、剪切应力的综合作用。颚式破碎机工作原理如图 4-15 所示。

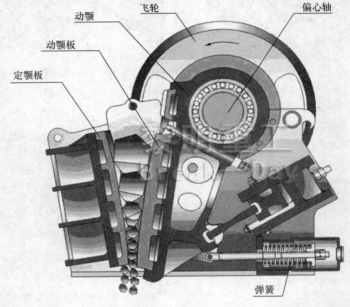

图 4-15　颚式破碎机工作原理图

2. 磨损机理

（1）物料被破碎的瞬间，颚板受到很大的挤压力，物料尖角剌入齿面，其后在动颚板运动时产生很大的剪切力。由于多次挤压，在颚板的亚表层或挤压突出部分的根部形成微裂纹，然后扩展、相连，使表面材料脱落，形成凿削挤压切削磨料磨损。

（2）如颚板用高锰钢制造，由于它的屈服强度低，易产生塑性变形，受物料冲击形成压坑、犁皱，使颚板材料局部被压碎或翻起，压碎或翻起部分随磨料一起脱落。

（3）颚板受接触应力反复作用，导致表面接触疲劳，在亚表层形成微裂纹，裂纹沿晶界、夹杂物等薄弱环节逐渐地相互连接、扩展，导致表层材料受疲劳磨损而剥落。

（4）如颚板材料韧性太差或有硬性异物混入破碎腔时，颚板会断裂失效。

4.2.2.2　主要磨损备件

颚式破碎机主要耐磨备件是动颚板和静颚板。

4.2.2.3　颚式破碎机动颚板和静颚板铸型生产方法

（1）动颚板和静颚板采用砂型铸造，包括水玻璃石英砂用二氧化碳硬化、树脂砂、石灰石砂等。

图 4-16　颚板

（2）近年来采用 V 法铸造、消失模铸造等。采用水玻璃石英砂用二氧化碳硬化，树脂砂生产的动颚板和静颚板如图4-17所示。采用 V 法铸造如图 4-18 所示。

（3）采用铸造 CAE 数值模拟技术合理确定铸型工艺。高锰钢颚板的纵向顺齿浇注模型图如图 4-19 所示。

颚板铸件纵向顺齿充填模拟图（浇注时间约 7s 时刻的充填状态），说明顺齿

(a)   (b)

(c)   (d)

图 4-17　树脂砂生产的动颚板和静颚板

（a）砂型铸造颚板下箱；（b）砂型铸造颚板上箱；

（c）砂型铸造颚板合箱；（d）一批砂型铸造颚板上箱

(a)　　　　　　　　　　(b)

(c)

图 4-18　V 法铸造颚板

（a）V 法铸造颚板喷过涂料的下型；（b）V 法铸造颚板上型喷刷涂料；

（c）V 法铸造颚板上下型、合箱

图 4-19　高锰钢颚板的纵向顺齿浇注模型图

末端温度较低，易造成冷隔缺陷，如图 4-20 所示。

4.2.2.4　耐磨材料的选择

　　1. 根据磨损机理的分析可知，颚板承受的压力很大，选材应以高韧性为主，同时尽可能提高硬度，在保证不断裂的前提下，使物料压入颚板表面的深度浅，材料的变形程度小，切削量小。

图 4-20　颚板铸件纵向顺齿充填模拟图

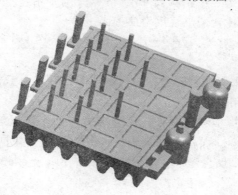

图 4-21　高锰钢颚板的横向跨齿浇注工艺

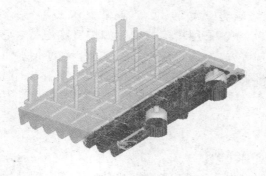

图 4-22　横向跨齿充填模拟（浇注时间为 7s 时刻的充填状态）

2. 大、中型颚板以选择高锰钢为主，为提高其硬度和屈服强度应选择加入 Cr、V、Ti 等合金元素的合金高锰钢。

1t 以上的大型颚板应该采用含锰高、含磷低并加稀土的标准高锰钢；某厂生产 600mm×900mm 破碎机颚板，化学成分：C 1.0%～1.15%；Mn 12.5%～13.0%；Si 0.4%～0.6%；P 0.045%～0.064%；S 0.02%～0.03%。铸造工艺：采用平做斜浇，开放式浇注系统，侧冒口进行全补缩。热处理工艺：采用吊蓝竖装水淬，加热 650℃保温 3h，1060～1100℃，保温 5～7h，30s 入水。使用效果良好，固定颚板破碎石 19000m³，活动颚板破碎石 30000m³。

（3）小型颚板可选择中碳合金钢、中锰钢及高碳高锰钢

某厂采用 Mn13Cr2TiRE，C 1.25%；Mn 12.5%；采用 Mn 8%；P 0.07%；热处理采用 950℃保温 2h 正火冷却到 300℃再升温到 1060～1080℃水淬，250mm×400mm 颚板比普通高锰钢寿命提高 1 倍。

4.2.2.5　颚式破碎机动静颚板生产工艺和发展趋势

1. 铸型工艺

动颚板和静颚板采用砂型铸造：包括水玻璃石英砂用二氧化碳硬化、树脂砂等；应该在工装上采用先进工艺。

采用 V 法生产动颚板和静颚板，尺寸准确，表面质量好，生产效率高，是今后有一定批量的中小动颚板和静颚板的发展方向之一；同时要合理设计浇冒口，在铸型加外冷铁、加悬浮剂、加内冷铁、加硬质合金柱等，细化晶粒，提高耐磨性能。

积极推广铸造 CAE 数值模拟技术，合理确定铸型工艺，是今后铸型工艺的发展方向之一。

2. 冶炼工艺

严格控制化学成分，锰/碳比应大于 10，含碳量为 0.95%～1.2%，含硅小于 0.6%，含磷量小于 0.045%。采用精炼技术，如炉底吹氩气、包内吹氩气。加复合变质剂、纳米变质剂等方法，脱氧去气、去夹渣，纯净钢水使氮、氢、氧及非金属夹渣极低，是冶炼工艺的发展方向。同时要严格控制出钢温度在1480～1550℃，浇注温度 1390～1430℃，确保晶粒细化，晶粒度要大于 2 级，提高铸件耐磨性能。

3. 热处理工艺

要严格执行合理的热处理工艺。

要有先进方便的热处理工装设备，装炉要竖立装；由于大型动颚板和静颚板铸件厚大复杂，材料采用加入强化元素的合金奥氏体锰钢，所以热处理升温速度要低，先在 150℃保温 1h，之后再以 60～100℃/h 升到 650℃，保温 2～3h。之后随炉升温到 1080～1100℃保温 4～5h（铸件每 25mm 厚保温 1h，再增加 1h）。

水温控制在 20～30℃，动颚板和静颚板要在 45s 内入水，要竖立着下水，在水中要上下左右来回摆动，冲破蒸汽膜，提高冷却效果。

热处理炉采用长形钟罩式台车电炉，密封、环保、节能效果好，铸件脱碳少，使用方便，是动颚板和静颚板热处理发展的一个方向。

4.2.2.6 圆锥破碎机轧臼壁、破碎壁及颚式破碎机动静颚板部分生产厂

（1）广西钟山长城矿山机械厂。

该厂的成分控制企业标准高于国家标准，含磷控制在 0.03％以内；采用特殊的全程精炼技术，钢水纯净度高，残留氮、氧、氢及非金属夹渣极低；使用国内外优秀铸造模拟软件模拟及结合大量的工艺试验，筛选最佳工艺，确保铸件组织细密；采用特殊的铸型工艺及特殊的合金化过程，铸件晶粒细，可达 3 级以上；该厂全程质量管理体系，采用专用工装、标准化的作业方式，保证每个质量量点的控制，确保 100％优质产品。

（2）浙江裕融实业有限公司。

（3）郑州玉升铸造有限公司。

（4）驻马店中集华骏铸造有限公司。

（5）衢州巨鑫机械有限公司。

（6）河北海钺耐磨材料科技有限公司。

生产工艺过程控制精细，产品质量优异，价格合理，使用寿命长，是高性价比的备件。

4.2.3 锤式破碎机锤头使用工况、生产方法及耐磨材料的选择

4.2.3.1 锤头的磨损失效分析

各类矿石、石灰石破碎是冶金矿山和水泥矿山等行业主要生产工序之一。锤式破碎机的锤头是关键的耐磨配件，它的生产制造和使用性能不仅关系到矿石破碎的产量、质量、使用安全和使用周期而且直接关系到选矿厂和水泥厂的正常生产，因此受到制造厂和使用厂的高度重视。近年来锤头从材料的化学成分、熔炼、铸型工艺、热处理工艺等方面不断改进创新取得良好效果。

1. 锤头的工况条件

（1）锤式破碎机基本结构

以 TPC20-22 型单转子单段破碎机为例。其进料粒度为 1000mm×1000mm×1400mm 出料粒度为 25～80mm³；台时产量为 500～700t/h；功率 710～900kW；它的转子尺寸为 ϕ2020mm×2200mm；线速度为 30～38m/s，带动 50 个每只 125kg 重的大锤头高速回转，破碎石灰石。破碎比：40～50。

（2）矿石及石灰石物料情况

各单位矿山地理位置不同，其铁矿、有色矿及石灰石的岩相组成、硬度、强度、解理面、脆韧性、含水率和粘结性、含泥量、对金属的磨蚀性等的不同，开

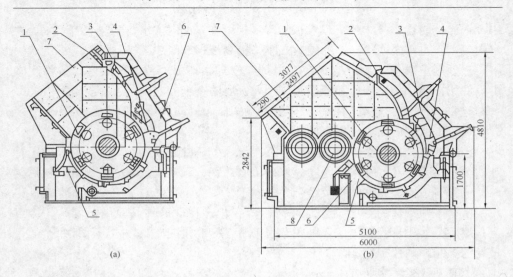

图 4-23　TPC 型和 TLPC 型破碎机
1—转子；2—反击板；3—破碎机；4—可调节的排料箅子；
5—可以自动启闭的异物排除门；6—壳体；7—进料口；8—给料辊

采及运装设备不同，锤式破碎机规格大小不同，造成进料粒度不同，使锤头承受不同的冲击凿削及高应力切削磨料磨损的严重程度不同。

2. 锤头的磨损失效分析

（1）锤式破碎机工作原理

锤式破碎机是利用高速旋转的锤头对进入机内的物料冲击破碎，并将物料以高速向反击板方向冲击，落入下机体的物料再经过锤头和箅板的剪切、挤压，当粒度合乎要求时从箅缝中排出。

（2）锤头磨损失效分析

当物料与高速旋转的锤头撞击时，如正面撞击，物料尖角压入锤面，形成撞击坑，其冲击力全部转为对锤面的压应力，此时锤头属于撞击凿削磨料磨损。但当物料以一定角度撞击锤头时，冲击力可分解为垂直锤面的法向应力和平行锤面的切向应力，前者使锤头表面产生冲击坑，后者对锤头表面进行切削，形成一道道切削沟槽，则为切削冲刷磨料磨损。

锤头工作期间不是整个锤面全部用于破碎物料，只有顶部侧面靠近边缘的区域进行破碎，称为工作区，随着锤头的不断磨损，工作区发生变化，物料对锤头的磨损方式也发生变化，即前期以撞击凿削磨料磨损为主，逐渐转为后期以切削冲刷磨料磨损为主。因此锤头的磨损失效机理是撞击凿削磨料磨损和切削冲刷磨料磨损。

根据锤头的使用工况条件，进行磨损失效分析，才能合理选择锤头的耐磨材料和正确选择锤头的生产方法。

4.2.3.2 锤式破碎机锤头的生产方法

锤式破碎机锤头生产方法以铸造为主，小型形状简单也有采用模锻生产的。

铸造生产的锤头：分为砂型铸造，消失模铸造、V法铸造、机械复合单液双金属铸造、双液双金属复合铸造、锤头磨损部位镶铸硬质合金柱、锤头磨损部位堆焊硬质合金、锤头磨损部位采用金属陶瓷铸渗。用螺栓固定组合锤头等。

砂型铸造采用的型砂：有普通黏土砂、水玻璃石英砂、镁橄榄石砂、铬铁矿石砂、树脂砂等。

破碎机锤头采用的耐磨材料：根据锤头的大小及使用工况条件可以采用奥氏体锰钢、低碳低合金钢、高铬耐磨铸铁等。

1. 破碎机锤头砂型铸造生产方法

1）我国部分厂家砂型生产大锤头的铸型工艺

（1）中集华骏铸造公司

该单位采用镁橄榄石砂平做，加外冷铁、顶冒口，生产 435kg ZGMn13Cr2MoTiRE 的大锤头，其铸型工艺见图4-24所示。

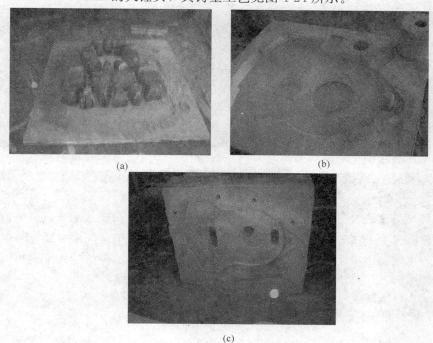

(a)   (b)

(c)

图4-24 大锤头的铸型工艺
（a）采用镁橄榄石砂加外冷铁；（b）下箱铸型；
（c）上箱铸型及保温冒口颈

中集华骏生产 435kg ZGMn13Cr2MoTiRE 砂型铸造大锤头的实际铸件如图 4-25 所示。

（2）江铜耐磨公司用树脂砂生产高锰钢锤头如图 4-26 所示。

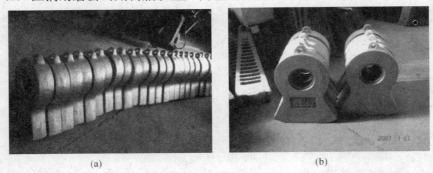

图 4-25　大锤头

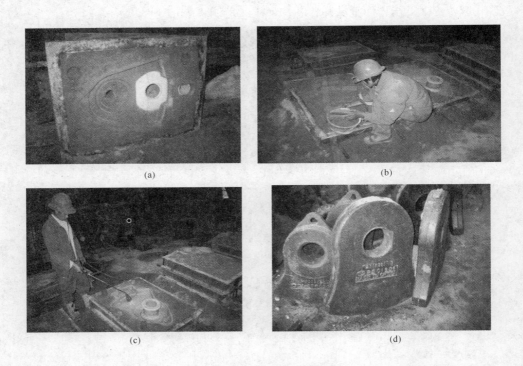

图 4-26　树脂砂生产高锰钢锤头

（a）树脂砂生产高锰钢锤头上箱；（b）树脂砂生产锤头下箱、刷涂料；

（c）树脂砂生产锤头下箱、涂料烘干；（d）树脂砂生产的高锰钢锤头

（3）江苏如皋苏北建机厂

该厂采用水玻璃石英砂二氧化碳硬化，平作顶冒口生产的 125kg ZGMn17Cr2TiRE 大锤头的铸型工艺如图 4-27 所示。

(a)　　　　　　　　　　　　　　　　(b)

图 4-27　大锤头铸型工艺

（a）125kg 大锤头铸型工艺；（b）125kg 锤头铸件

（4）江苏金坛大隆铸造厂

该厂采用石英砂二氧化碳硬化，采用发热保温冒口及成形外冷铁生产的 125kg 大锤头。

图 4-28 为生产 125kg 大锤头的一组照片。

许多生产单位采用这种铸造工艺，补缩效果好，建议砂型铸造；V 法铸造都应采用该工艺。采用保温发热冒口放在锤头顶部，底部及磨损部位周围放成型外冷铁，既有利于补缩，又细化磨损部位的晶粒，提高耐磨性。

2）砂型铸造在锤头磨损部位镶铸硬质合金柱

为了提高锤头的耐磨性能许多单位在锤头的使用部位加硬质合金柱，这种工艺首先由广州有色院耐磨研究所、郑州鼎盛公司研制，目前许多厂在生产。

（1）硬质合金柱的牌号见表 4-10。

表 4-10　硬质合金的牌号成分及性能

牌号	TiC	C	Mo	Ni	Mn	余量	密度	硬度 HRC	冲击功 （J）	用途
TM52	48.0	0.68	1.04	1.04	6.8	Fe	6.1g/cm³	61～63	8.10	Mn13Cr2
TM60	40.0	0.72	1.20	1.20	7.8	Fe	6.2g/cm³	58～62	10.0	Mn17Cr2

售价：110～140 元/kg。

（2）生产方法

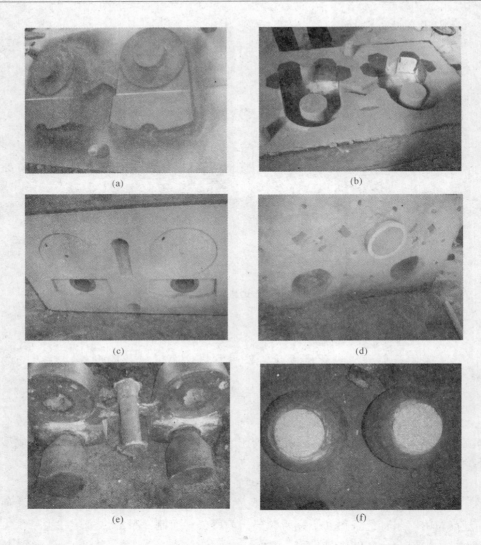

图 4-28　大锤头铸造工艺

（a）下箱木模；（b）下箱铸型；（c）上箱铸型；（d）上箱浇口和保温冒口；

（e）一箱两个 125kg 锤头；（f）大锤打下的保温冒口

　　将硬质合金柱焊上铁钉，铸型刷快干涂料自燃烘干后，钉入硬质合金柱若干，再用火焰喷枪表面烘干，如图 4-29 所示。

　　高锰钢镶铸硬质合金柱的工艺，合金柱的加入相当于植入内冷铁，细化晶粒，特别是合金柱是磨损部位的硬质点大大提高耐磨性，使用寿命比普通高锰钢提高 50％ 左右，使用安全可靠。许多单位在生产，125kg 大锤头都在采用这种

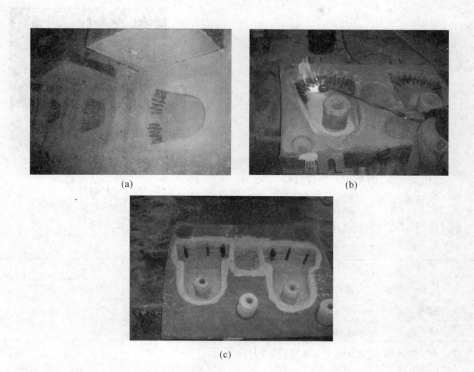

图 4-29
（a）钉入硬质合金柱；（b）镶硬质合金圆柱；
（c）镶硬质合金条块

工艺，该工艺有一定发展空间。

3）锤头耐磨部位铸渗金属陶瓷等复合材料

近年来我国研制金属陶瓷等复合材料方兴未艾。西安交大、广州有色院、郑州鼎盛等单位相继研制出金属陶瓷等复合材料，并在锤头耐磨部位上应用，取得良好效果。

采用表层复合材料的设计思想和制备技术，将陶瓷颗粒制作成预制体，结合重力铸造方法，制备了陶瓷－金属基复合材料，并把此项技术应用到磨辊、锤头等耐磨部件，较好地解决了耐磨备件的耐磨性和安全性。

（1）复合材料制备工艺

复合材料制备工艺如图 4-30 所示。

（2）陶瓷-金属基复合材料锤头

如图 4-31 所示。

（3）国内外同类产品使用寿命对比分析

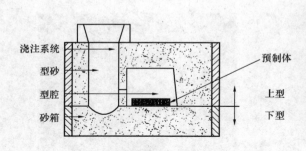

浇注系统
型砂
型腔
砂箱
预制体
上型
下型

图 4-30　复合材料
制备工艺

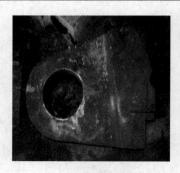

图 4-31　陶瓷-金属基复合
材料锤头

国内外同类产品使用寿命对比分析见表 4-11。

表 4-11　国内外同类产品使用寿命对比

产品类型	使用寿命		
	项目复合材料	国内同类产品	国外同类产品
磨辊	15000h	8000h（Cr20）	10000～15000h
锤头	60～120d	30～90d	40～120d

注：表中数据来源产品试用企业试用本产品后与国内外产品对比结果。

　　锤头磨损部位铸渗金属陶瓷新工艺，国外已有发展，国内刚刚起步。该工艺可大幅度提高磨损部位的耐磨性能；由于金属陶瓷价格较低，可节约合金费用，是今后耐磨材料发展的一个方向。目前在研发试用阶段，今后还有许多工作要做，期待发展越快越好。

　　2. 我国目前采用消失模生产锤头的工艺

　　1）消失模生产的特点

　　（1）生产周期短、效率高

　　因为消失模不需分型、下芯、混砂等，故省去了造型、制芯等一系列操作，同时落砂清理也大大减化，又特别适合一箱多件浇注。因此大大缩短了生产周期，效率较普通砂型铸造可提高 3～5 倍以上。

　　（2）铸件质量好、精度高

　　由于干砂、整体模样、真空浇注，故无气孔、渣眼及飞边毛刺；不分型、不起模、不配箱，故铸件尺寸精度可达 CT12～10 级，发泡成形的铸件表面粗糙度可 Ra25～12.5。因此铸件可实现少加工或无加工，无加工可以保留铸件的原表面，从而节省了金属和加工费，同时提高耐磨性，延长了铸件寿命。

　　（3）投资少、见效快

　　劳动条件好，生产效率高。

（4）消失模不足之处是易少量增碳

大平面易变形，但增碳对耐磨铸件影响不大，大平面铸件可以采用Ｖ法解决，其他问题可采用合理控制工艺参数解决。

采用消失模可以生产各种类型的锤头，但是一定要先烧后浇，避免增碳，避免铸件中混入碳夹杂。

2）消失模生产锤头的实例

（1）河北海钺耐磨材料科技有限公司

河北海钺耐磨材料科技有限公司采用消失模生产高锰钢大锤头、碎煤机高铬小锤头如图4-32所示。

(a)　　　　　　　　　　　　　　　　(b)

(c)

图4-32　海钺耐磨材料科技的产品
(a) 刷好涂料的高锰钢大锤头模型；(b) 消失模高锰钢大锤
头在切割冒口；(c) 消失模生产碎煤机高铬小锤头

（2）郑州玉升公司四分厂

郑州玉升公司四分厂采用消失模生产高铬小锤头及高锰钢大锤头如图4-33所示。

（3）徐州宏达耐磨公司

徐州宏达耐磨公司用消失模生产各类耐磨铸件，图4-34为各类锤头。

113

图 4-33　玉升公司产品

（a）一批高铬小锤头；（b）一批高锰钢大锤头模型；

（c）一批高锰钢小锤头；（d）热处理后的高锰钢小锤头

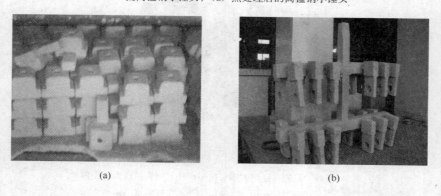

图 4-34　宏达耐磨公司产品

（a）各类锤头　（b）高铬铸铁小锤头

（4）新疆闽龙试生产的大锤头

新疆闽龙耐磨公司用消失模试生产 125kg 大锤头如图 4-35 所示。

消失模生产锤头生产效率高，外观质量好，为确保内在质量好要采取相应工艺措施，如先浇后烧，加合金柱、加内冷铁等。在一些企业会有发展。

(a)　　　　　　　　　　　　　　　(b)

图 4-35　闽龙耐磨公司产品

(a) 插合金柱的 125kg 锤头白模；(b) 125kg 锤头铸件

3. 我国目前采用 V 法生产锤头的工艺

1）采用 V 法铸造技术具有以下优点

（1）铸件表面光洁，轮廓清晰，尺寸精度高，尺寸公差可达 CT6～CT9，表面粗糙度可达 $R_a = 6.3\mu m$，铸件表面质量好；

（2）不加粘结剂和附加物，不用混砂设备，减少运行和维修费用，减少环境污染，是绿色铸造；

（3）旧砂回用可达 95% 以上，解决了废砂处理问题；

（4）V 法铸造金属流动性好，充填能力强，金属利用率高，工艺出品率高，加工余量少；

（5）模具和砂箱使用寿命长，因为模具有薄膜保护，拔模力小，模具基本不损坏；

（6）V 法铸造砂型紧实度高，可以低温浇注，耐磨铸件晶粒细化，耐磨性能好。

2）V 法生产锤头的实例

驻马店中集华骏铸造公司

驻马店中集华骏铸造公司 2007 年上一条 V 法铸造生产线。主要用来生产球磨机衬板，颚式破碎机齿板，锤式破碎机大锤头和圆锥破碎机轧臼壁和破碎壁等耐磨铸件等耐磨件。为了用好 V 法铸造生产线，结合产品情况他们又上一套小型简易 V 法铸造生产线；用 V 法铸造生产的 125kg 锤头及 465kg 大锤头如图 4-36 所示。

采用 V 法生产大锤头效率高，外观质量好，浇冒口设计可与砂型铸造相同，为解决干砂冷却慢的问题，可采用加合金柱等内冷铁；采用加入孕育剂变质剂方法细化晶粒；采用悬浮铸造等方法均化细化晶粒，进一步提高耐磨性能。

4.2.3.3　大型破碎机锤头耐磨材料采用奥氏体锰钢生产

1. 化学成分和熔炼的质量控制

图 4-36

（a）V 法铸造破碎机 120kg 锤头；（b）V 法一箱 4 个 465kg 大锤头

（c）V 法生产一批 465kg 锤头

1）奥氏体锰钢大锤头的化学成分

由于锤头随转子高速旋转破碎几吨重的石灰石，冲击力大必须用高韧性的耐磨材料，奥氏体锰钢为最佳选择。但普通高锰钢屈服强度低，易发生塑性变形. 因此近年来人们多加 2％左右铬（Cr）提高屈服强度和耐磨性能。由于锤头厚度大（160～180mm），为了使中心部位也为全奥氏体组织，人们降低碳含量，提高锰含量，锰含量提高后容易使其柱状晶长大，为此人们加入 Mo、V、Ti、B、RE、Nb 等多元微量元素，细化晶粒，变质夹渣，提高冶金质量和综合耐磨性能 严格控制化学成分，锰/碳比应大于 10，含碳量为 0.95％～1.2％，含硅小于 0.6％，含磷量小于 0.045％。

目前广泛采用 ZGMn13Cr2VTiREB 和 ZGMn17Cr2VTiREBNb 其化学成分设计见表 4-12。

表 4-12　奥氏体锰钢大锤头化学成分设计（%）

元 素	C	Si	Mn	P	S	Cr	Mo	V	Ti	RE
ZGMn13Cr2VTiREB	0.95～1.2	0.4～0.6	12.0～14.0	<0.05	<0.03	1.5～2.0	0～0.30	0.1～0.2	0.08/0.12	+0.25
ZGMn17Cr2MoVTiREBb	0.9～1.15	0.4～0.6	16.5～18.5	<0.05	<0.03	1.8～2.2	0.3～0.6	0.1～0.25	0.08～0.12	+0.30

目前许多制造厂原则上都是按照表 4-12 控制成分。表 4-13 为驻马店中集华

116

骏铸造公司生产的 ZGMn13Cr2 大锤头，其 10 炉的实际化学成分（采用日本岛津 PDA-Ⅳ5500 光谱仪分析）。

表 4-13 光谱仪测定 10 炉 ZGMn13Cr2 大锤头的化学成分

编号	化学成分（%）								
	C	Si	Mn	P	S	Cr	Mo	Al	RE
1	1.05	0.55	12.80	0.030	0.014	1.98	0.064	0.004	+0.25
2	1.11	0.56	12.79	0.035	0.015	2.03	0.036	0.016	+0.25
3	1.18	0.64	13.30	0.036	0.019	2.05	0.016	0.029	+0.25
4	1.15	0.74	12.54	0.036	0.013	1.83	0.043	0.005	+0.25
5	1.13	0.65	13.60	0.037	0.016	2.08	0.024	0.028	+0.25
6	1.11	0.57	13.24	0.037	0.013	2.02	—	0.026	+0.25
7	1.23	0.63	13.12	0.037	0.011	2.07	—	0.003	+0.25
8	1.20	0.81	12.63	0.047	0.016	1.99	0.056	0.004	+0.25
9	1.10	0.70	13.36	0.031	0.014	1.96	0.260	0.029	+0.25
10	1.28	0.71	14.05	0.046	0.020	2.08	0.048	0.020	+0.25

从上表可见这几炉高锰钢碳含量控制在下限，锰含量控制在上限，铬含量适中，特别是含磷较低，多在 0.04% 以下，因此使用效果很好。

2）奥氏体锰钢锤头的机械性能

表 4-13 中 10 炉高锰钢锤头的机械性能见表 4-14。

表 4-14 实际生产 10 炉高锰钢锤头的机械性能

编 号	1	2	3	4	5	6	7	8	9	10
冲击韧性 a_{ku}（J/cm²）	116	176	235	240	181	154	141	118	126	225
硬度 HB	—	—	218	216	—	—	—	—	—	—

从表 4-14 可看出这 10 炉的冲击韧性都控制在标准的上限（国家标准规定冲击韧性 a_{ku} 118 J/cm²）。

3）奥氏体锰钢锤头的金相组织

表 4-14 中第 10 炉高锰钢经过 1080℃保温 3h 后水淬热处理，采用 XJL-03 型金相显微镜观察的显微组织如图 4-37 所示。

实践证明 125kg 大锤头选择高锰钢生产，安全可靠，耐磨性能好。但是一定要严格按生产工艺执行。化学成分锰碳（Mn/C）比要大于 10；含磷量要小于 0.045%；加入 2.0% 左右的铬，提高屈服强度，加入钒、钛、稀土、硼等孕育剂变质剂，细化晶粒，提高耐磨性。

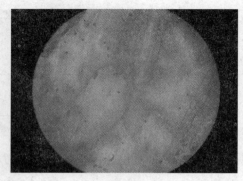

图 4-37 实际生产中金相组织：
A＋X1＋W1（晶粒度 2 级）

4）奥氏体锰钢锤头的熔炼

（1）严格控制原材料，选择无锈蚀，无油污的废钢，合适的铁合金材料。

（2）严格控制化学成分，锰/碳比应大于 10，含碳量为 0.95%～1.2%，含硅小于 0.6%，含磷量小于 0.045%。

（3）要采用精炼技术，如炉底吹氩气，包内吹氩气，加复合变质剂，纳米变质剂等方法，脱氧去气，去夹渣，纯净钢水、使氮、氢、氧及非金属夹渣极低。

（4）加外冷铁，加悬浮剂、加内冷铁、加硬质合金柱等，细化晶粒，提高耐磨性能。

（5）严格控制出钢温度在 1480～1550℃，浇注温度 1390～1430℃，确保晶粒细化，晶粒度要大于 2 级，提高铸件耐磨性能。

2. 奥氏体锰钢锤头热处理质量控制

1）热处理的基本要求

（1）入炉温度及升温速度

由于高锰钢导热性能差，热膨胀系数大，锤头厚度大，加热时很容易因为应力大而开裂。因此入炉温度要低，一般在 150℃入炉，均温 1h 后，以 80～100℃/h 的速度升温到 650～700℃保温 1～3h，可消除铸造应力，减少壁厚件内外温度差，使金属从弹性状态进入塑性状态。进入塑性状态后可以 120～150℃/h 的速度或随炉升温到固溶温度。

（2）固溶温度和保温度时间

固溶处理的温度确定是根据使碳化物充分分解，其分解产物—碳及合金元素固溶到奥氏体，并在奥氏体中扩散得到成分尽可能均匀的合金化奥氏体一般加热到 1000℃碳化物（Fe Mn）$_3$C 即可全部分解，为了加速度分解、溶解和扩散，促进成分均匀化，固溶温度定为 1050～1100℃。温度超过 1050℃奥氏体晶粒开始长大，超过 1150℃奥氏体晶粒粗大，出现过热组织。ZGMn13Cr2VTiRE 和 ZGMn17Cr2MoVTiNbRE 由于含有多种合金元素，形成的特殊碳化物不易分解、溶解和扩散，固溶温度可提高到 1080～1120℃。保温时间根据铸件厚度、化学成分、固溶温度等因素确定。经验数据是每 25mm 厚保温度 1h，加入合金元素多要延长保温时间 0.5～1.5h。

（3）水韧冷却

冷却的目的是得到过冷奥氏体，即把高温奥氏体组织保留到室温。根据相变分析，960℃即开始有碳化物从奥氏体中析出，因此奥氏体锰钢锤头要在960℃以上入水。由于30s将降温70～90℃，从打开炉门到锤头入水要控制在30s内，保证锤头在960℃以上入水。水量应为锤头的10～12倍；水温要低于30℃，处理后水温应小于60℃，用以保证奥氏体锰钢固溶处理30℃/s的冷却速度。

（4）具体热处理工艺

升温速度：从150℃开始以80～100℃/h的升温速度，升到680℃保温1～2h，然后以120～150℃/h的速度升温（或随炉升温）到1060～1100℃。

淬火温度：在1060～1100℃保温3～4h，按铸件厚度每25mm保温1h计算，根据装炉情况适当延长保温时间。

淬火介质：应为20～40℃流动的水；铸件要在35～40s内入水，入水时铸件温度必须大于960℃，否则易析出碳化物使铸件开裂。

2）热处理现场情况

采用台车式热处理炉，装炉前每个锤头隔开一定距离排列好，出炉时迅速插钢棒吊起放如水池中，来回摆动。这样处理冷却均匀，效果良好，但操作麻烦要细心。具体操作如图4-38所示。

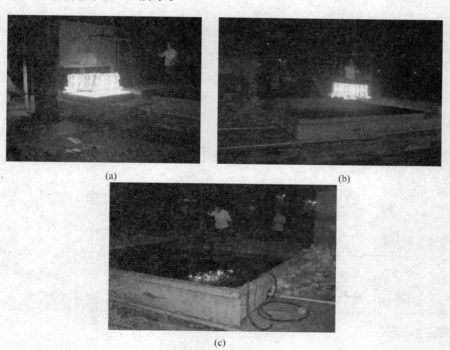

(a)　　　　　　　　　　　　　　(b)

(c)

图4-38

（a）大锤头出炉；（b）吊起的锤头准备入水；（c）锤头在水中摆动

图 4-37 锤头都是有罩式热处理炉。具有高效节能，炉内温度均匀，氧化脱碳少等优点；

采用图 4-37 的方法锤头受热均匀，淬入水中冷却均匀，是淬火最好的方法之一。

4.2.3.4 锤头双金属复合铸造

1. 镶铸-机械复合铸造

先铸出合金钢锤柄，打磨酸洗后放入铸型并要预热，锤头部分浇入耐磨高铬铸铁水，进行复合铸造。

1）铸造的锤柄

镶铸-机械复合铸造的锤柄采用 35♯、45♯ 铸钢及低碳合金钢，结合部位镂空并作成适当的锥度及反燕尾型，以保证结合强度。锤柄采用消失模铸造，表面光滑且复合性能好。普通铸造的锤柄，必须打模光滑，浇注高铬铸铁前，锤柄要预热到 200℃ 以上，以便复合良好。部分锤柄的形状如图 4-39 所示。

2）锤头的磨损部位

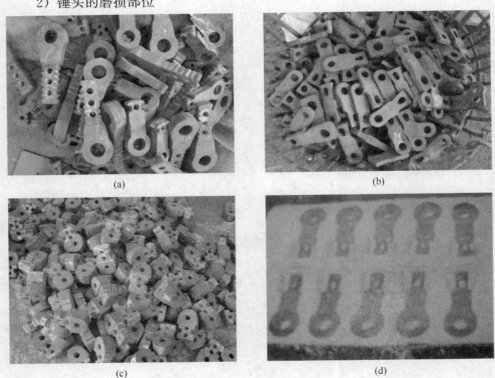

(a)

(b)

(c)

(d)

图 4-39　部分锤柄的形状

（a）铸造 45♯ 铸钢锤柄；（b）钢板模锻锤柄；

（c）消失模铸造锤柄；（d）合金钢铸造锤柄

（a）　　　　　　　　　　　　　（b）

图 4-40　锤头铸造工艺

（a）锻造锤柄一箱 4 个锤头；（b）铸造锤柄一箱 10 个锤头

机械复合铸造锤头的磨损部位采用 Cr15 或 Cr18 高铬铸铁见，锤柄起内冷铁作用，并有效地降低高铬铸铁加入量，提高出品率，降低成本。锤头铸造工艺如图 4-40 所示，部分复合锤头成品如图 4-41 所示。

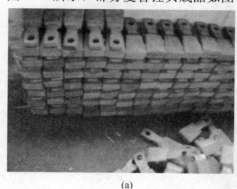

（a）　　　　　　　　　　　　　（b）

图 4-41　复合锤头成品

（a）锻造锤柄的高铬复合锤头；（b）消失模铸造锤柄的高铬复合锤头

镶铸-机械复合铸造的锤头，适合 50kg 以下的各类锤头，使用寿命是高锰钢的 3 倍以上，生产方法比较简单，效率高、成本较低，许多单位在生产。但工艺操作要细心，避免使用中脱落及开裂。

2. 双液双金属复合铸造

1）双液双金属复合铸造基本原理

双液双金属复合铸造是采用两个炉体分别熔炼合金钢及耐磨高铬铸铁，铸型开设两套浇注系统，分别定量的先浇入合金钢，后浇耐磨高铬铸铁，并加大保温冒口补缩。

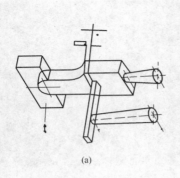 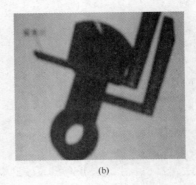

(a)　　　　　　　　　　　　　　　　(b)

图 4-42　金属双液重合铸造

（a）铸造工艺示意图；（b）实际铸造工艺

为保证结合面为冶金结合，要控制好浇注温度，结合面大的要加入防氧化剂。

金属双液复合铸造如图 4-42 所示。

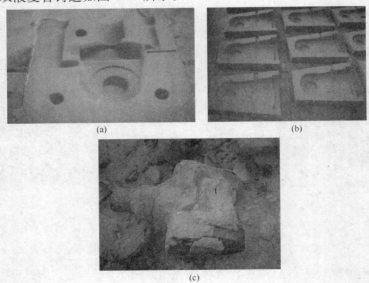

图 4-43　生产工艺

（a）采用砂块组合造型；（b）锤柄砂块；（c）双液双金属复合锤头

这种工艺在 20 世纪 90 年代，由沈阳铸造所的科技人员在山东临沂与山东临沂市特钢厂首先研制成功，近年来临沂旭龙、圣龙、天阔等厂进一步发展，目前在河南、河北、浙江、黑龙江等地多有应用。中小锤头使用可靠，使用寿命是高锰钢的 3 倍以上；120kg 以上的大锤头，要根据使用的工况条件合理使用，才能保证使用安全可靠。

2）双液双金属复合铸造实际生产工艺

双液双金属复合铸造实际生产工艺在基本原理的基础上，已经发展有多种形式，图4-43为部分厂的生产工艺；图4-44为双液双金属复合铸造锤头产品。

(a)　　　　　　　　　　　　(b)

图4-44　双液双合金复合大锤头

（a）120kg复合大锤头及熟料锤头；（b）各种规格的双液复合锤头

双液双金属复合铸造锤头，在中小锤头使用可靠，使用寿命是高锰钢的3倍以上；但对于120kg以上大锤头，由于破碎的物料大、冲击力大，高铬铸铁易掉块剥落断裂。如果破碎的物料块度适宜，水分较大，黏土含量较多，采用双液双金属复合铸造锤头，使用效果好；这需要供销人员深入矿山了解矿石的具体情况在确定提供那种锤头。

3. 复合锤头采用的耐磨材料

锤头为高铬铸铁，锤柄为低碳合金钢（镶铸与双液双金属相同）化学成分设计范围见表4-15。

表4-15　化学成分设计范围（%）

元素	C	Mn	Si	Cr	Mo	Cu	Ni	V	Ti	RE	备注
范围	2.4~3.0	0.7~1.0	03~0.7	18.0~21.0	0.5~1.0	0.6~1.2	0.3~0.7	+0.4	+0.3	+0.25	锤头
配料	2.6	0.9	0.50	19.0	0.6	0.7	0.5	+0.40	+0.3	+0.25	
范围	0.30~0.40	0.8~1.4	0.8~1.0	0.9~1.3	0.2~0.3	≪0.3	≪0.3	0.20	-0.10	+0.25	锤柄
配料	0.35	1.2	0.9	1.0	0.25	0.25	0.25	+0.2	+0.10	+0.25	

4.2.3.5　采用低碳合金耐磨钢的大型锤头

2005年由北京科技大学材料学院赵爱民教授研制的低碳低合金耐磨钢的大型锤头出口美国用于粉碎废旧汽车如图4-45所示。

1. 化学成分设计

化学成分设计见表4-16。

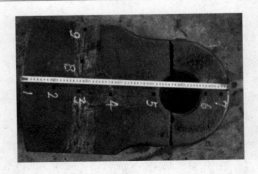

图 4-45　美国用于粉碎废旧汽车的大锤头

（单个锤头重 212kg，厚度 120mm，长度约 600mm）

表 4-16　化学成分设计（%）

元素	C	Si	Mn	Cr	Mo	Ni	P，S	V，Ti，RE
范围	0.2~0.3	0.2~0.4	1.0~2.0	1.5~2.0	0.1~0.3	0.1~0.3	<0.04	微 量
配料	0.25	0.30	1.50	1.80	0.25	0.25	<0.035	微 量

2. 热处理工艺

采用淬火＋回火的热处理工艺。

3. 热处理操作

热处理实际操作如图 4-46 所示。

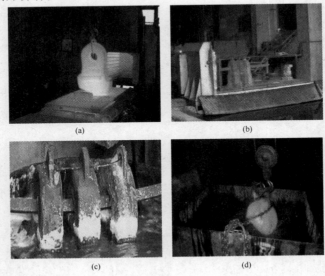

图 4-46　热处理操作图

（a）吊出 1 个锤头淬火；（b）1 排 3 个锤头待淬火；

（c）已淬过火的 3 个锤头；（d）吊出 1 个锤头在淬火

124

4. 力学性能测量

力学性能测量部位如图 4-47 所示。

图 4-47　力学性测量部位

力学性能测量结果见表 4-17，试样的冲击韧性见表 4-18。

表 4-17　不同部位锤头的硬度

离表面距离（mm）	5	15	25	35	45	平均	总平均
1#	52.0	54.5	54.3	50.0	52.0	52.6	
2#	54.0	48.2	47.3	48.5	46.2	48.8	48.5
3#	46.0	43.5	43.5	44.4	42.5	44.0	

表 4-18　试样的冲击韧性

试样编号	1	2	3
冲击韧性 a_{ku}（J/cm²）	40.13	46.90	58.58

5. 效果分析

低合金耐磨钢经淬火＋回火热处理后，其组织为马氏体或马氏体/下贝氏体的复相组织。锤头工作部位具有高的硬度 $HRC > 48$、足够的冲击韧性 $a_k > 40J/cm^2$ 和较好的延伸率 $\delta > 8\%$ 以及抗拉强度 $\sigma_b > 1500MPa$，耐磨性是普通高锰钢的 1.55 倍以上。

低合金耐磨钢的合金加入量较少，经济合算；采用特殊的水玻璃淬火液，安全实用，易于推广和应用，具有明显的经济与社会效益。

近年来有些单位在生产低碳低合金钢 120kg 的大锤头，但推广力度不大，其安全可靠性不如高锰钢。与高锰钢相比，其寿命提高幅度不大。

4.2.3.6　组合式锤头

1. 实例

国外组合式锤头如图 4-48 所示（a），国内组合式锤头是由郑州鼎盛首创的三明治组合锤头及合肥水泥研究设计院研制的三合一组合锤头，如图 4-48（b）所

125

示。锤头与锤柄的连接方式合理，锤头使用寿命大幅提高。

2. 分析

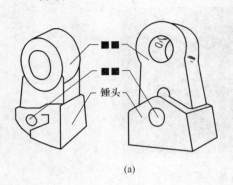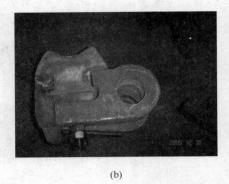

(a)　　　　　　　　　　　　　　　　　　(b)

图 4-48　组合式锤头

(a) 国外组合锤头示意图；(b) 郑州鼎盛公司生产的高铬、硬质合金、碳钢三合一组合锤头

从图 4-48 (a) 可见，国外组合式锤头锤柄采用高韧性合金钢，使用安全可靠，锤头为高铬铸铁或高合金耐磨材料，用耐磨螺栓固定。锤头磨损后可以更换，安装更换方便。前些年多有报道，但国内很少采用。

从图 4-48 (b) 可见国内三合一组合锤头，锤柄为铸造合金钢，锤头为高铬铸铁，中间楔块上堆焊硬质合金，用螺栓固定，成为三合一组合锤头。锤头与锤柄的连接方式更为合理。许多新型的细碎机，反机锤式破碎机都在采用。整套锤头使用寿命可大幅提高。

多年来生产实践证明三合一组合锤头使用安全可靠，使用寿命成数倍增长，类似结构的组合锤头，许多单位在生产使用，有广阔的发展空间。

4.2.3.7　锤式破碎机锤头生产工艺和发展趋势

（1）高锰钢或合金钢镶铸硬质合金柱的工艺，合金柱的加入相当植入内冷铁，细化晶粒，特别是合金柱是磨损部位的硬质点大大提高耐磨性，使用寿命会大幅度提高，使用安全可靠，该工艺是目前 120kg 大锤头使用最多最可靠的工艺之一。

（2）锤头磨损部位铸渗金属陶瓷新工艺，该工艺可大幅度提高磨损部位的耐磨性能；由于金属陶瓷价格较低，可节约合金费用，是今后耐磨材料发展的一个方向。

（3）砂型铸造及 V 法铸造要采用保温发热冒口放在锤头顶部，底部及磨损部位周围放成型外冷铁的生产工艺，既有利于补缩，又细化磨损部位的晶粒，提高耐磨性。

（4）125kg 以上大锤头由于受冲击力大以冲击凿削磨损为主，应该选择高锰钢生产，它韧性好，安全可靠，同时能够充分发挥加工硬化性能，耐磨性能好。但是一定要严格按生产工艺执行。化学成分锰碳（Mn/C）比要大于 10；含磷（P）量要小于 0.045%；加入 2.0% 左右的铬，提高屈服强度，加入钒、钛、稀土、硼等孕育剂变质剂，细化晶粒。提高耐磨性。

热处理由于加入一些合金元素，淬火温度提高到 1080～1100℃，铸型工艺根据自身生产条件选择合适的工艺。

（5）消失模生产锤头，生产效率高，外观质量好，为确保内在质量好要采取相应工艺措施，如先浇后烧、加合金柱，加内冷铁等相应措施，对 20kg 的中小锤头今后会得到进一步发展。

（6）采用 V 法生产大锤头效率高，外观质量好，浇冒口设计可与砂型铸造相同。为解决干砂冷却慢的问题，可采用加合金柱等内冷铁；采用加入孕育剂变质剂方法细化晶粒；采用悬浮铸造等方法均化细化晶粒，进一步提高耐磨性能。是一种有发展前途的生产方法。

（7）镶铸-机械复合铸造的锤头，适合 50kg 以下的各类锤头，使用寿命是高锰钢的 3 倍以上，生产方法比较简单，效率高、成本较低。但工艺操作要细心，锤柄要采用中，低碳合金钢，与锤头结合部分要打磨光滑，浇铸高铬耐磨铸铁前要充分预热，以便结合良好，目前许多中小厂在生产。

（8）双液双金属复合铸造锤头，在中小锤头使用可靠，使用寿命是高锰钢的 3 倍以上；是中小锤头生产发展的一个方向；但对于 120kg 以上大锤头，由于破碎的物料大，冲击力大、高铬铸铁易剥落、掉块、断裂。如果破碎的物料块度适宜，水分较大，黏土含量较多，采用双液双金属复合铸造锤头，使用效果好；这需要供销人员深入到矿山，了解矿石的具体情况然后在确定提供那种锤头。使用单位也要根据自己破碎矿石的具体工况条件选择合适的锤头，选择使用双液双金属复合铸造锤头要十分慎重。

（9）复合锤头采用的耐磨材料锤头为高铬铸铁，锤柄为低碳合金钢（镶铸与双液双金属相同）；必须严格按照化学成分设计进行生产，不断提高冶金质量。热处理要进行 3 次，首先正火预处理，然后进行淬火及回火热处理，确保综合机械性能、硬度、冲击韧性、耐磨性能优异。

（10）三合一组合锤头使用安全可靠，使用寿命成数倍增长，类似结构的组合锤头。许多单位在生产，有广阔的发展空间。

特别注意：

（1）根据锤头的使用工况条件，进行磨损失效分析，是合理选择锤头的耐磨材料和正确选择锤头的生产方法的前提；

（2）10kg 以下细碎机小锤头可以采用合金钢或低碳高韧型高铬铸铁，用各种方法整体铸造都可以。

（3）10～50kg 中碎机中小锤头采用镶铸－机械复合铸造，双液双金属复合铸造均可以，前者生产较方便，认真操作，质量可靠；后者生产较复杂，质量更可靠。

（4）50～120kg 采用双液双金属复合铸造锤头，一定要根据矿石的工况条件是否合适，在提供或选用该种锤头，安全可靠第一。

（5）120kg 以上大锤头建议选择高锰钢镶铸硬质合金柱生产的锤头。今后随着锤头磨损部位铸渗金属陶瓷新工艺的发展，他成为大锤头选用的一个重要方向，也是今后耐磨材料发展的一个方向。

4.2.3.8　锤式破碎机锤头部分生产厂

1. 采用奥氏体锰钢及其镶铸硬质合金柱生产大锤头的部分生产厂

郑州鼎盛工程技术有限公司；

广州有色院耐磨研究所耐磨材料厂；

常熟市电力耐磨有限公司；

中集华骏铸造公司；

浙江裕融实业有限公司；

江西铜业集团机械铸造有限公司；

衢州巨鑫机械有限公司；

江苏如皋苏北建机厂；

河北海铖耐磨材料科技有限公司；

江苏金坛大隆铸造厂。

2. 锤头采用双金属复合铸造（镶铸与双液双金属）的部分生产厂

山东临沂天阔铸造有限公司；

山东临沂特钢有限公司；

浙江长兴军毅机械有限公司；

洛阳致力铸造厂；

佳木斯大学材料系铸造厂；

合肥水泥研究设计院耐磨材料厂；

广州有色院耐磨研究所耐磨材料厂。

4.3　粉磨设备备件——管磨机各类衬板

4.3.1　水泥管磨机中衬板使用工况条件及磨损机理

4.3.1.1　球磨机工作原理

球磨机筒体内镶砌着不同形状的筒体衬板、端衬板、隔仓板、出料篦板，并装填有不同规格的研磨介质和物料。磨机回转时，研磨介质和物料被衬板提到一定高度之后抛落或泻落，对粗磨仓而言，抛落的钢球中有一部分会直接砸到衬板上，则衬板承受较大的冲击力。对细磨仓而言，钢球（或钢段）为泻落状态，则衬板承受低应力的冲刷。

水泥工业用管磨机（$L/D > 2.5$），分粗磨仓和细磨仓（长磨分 3～4 个仓），粗磨仓对物料进行粉碎，细磨仓对物料进行研磨。磨机规格不同、仓次不同、物料不同，易损件磨损机理各不相同。

图 4-49 为磨机的外型及内部结构。

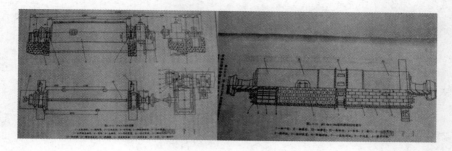

图 4-49　磨机的外型及内部结构

(a)

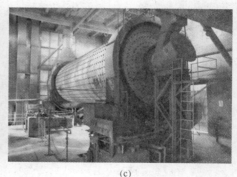

(b)　　　　　　　　　　　　　　　(c)

图 4-50　管磨机实景图

(a) 管磨机外形；(b) $\phi2.4×1.30m$ 管磨机外形；(c) 双滑履中心传动管磨机

4.3.1.2　管磨机各仓衬板使用工况条件及磨损机理

1. 磨头端衬板使用工况条件及磨损机理

磨头端衬板在粗磨仓进料端，物料粒度大，研磨体平均球径大，受磨球和物料的侧冲击力大，是以高应力冲击凿削磨损为主、切削冲刷为辅的磨损机理。因

129

此磨头端衬板应选择韧性高耐冲击、硬度高抗切削的材料。以高锰钢为例，对磨头端衬板磨损失效分析发现，磨头端衬板不同部位磨损情况不同。通过测定残体硬度，可将磨头端衬板磨损情况分四个区。如图 4-51 所示：

（A）（B）大端由于磨球和物料降落时相对滑动产生切削，该部位受冲击较小，残体硬度仅 $HS53.5$，为切削磨损。（C）（D）小端受磨球和物料侧冲击力大，残体硬度达 $HS60$ 以上，是以高应力冲击凿削磨损为主。对于分块制造的磨头端衬板，内、中圈端衬板宜选择韧性高的材料（如合金钢），外圈端衬板宜。选择硬度高的材料（如高铬铸铁），满足不同的磨损需要。

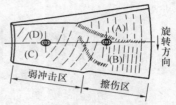

图 4-51　磨头端衬板磨损情况

2. 粗磨仓衬板使用工况条件及磨损机理

粗磨仓入磨粒度为 15～25mm，研磨体平均球径 $\phi75mm$ 左右，最大球径 $\phi90～100mm$。磨机回转时，球和物料以较大的冲击力凿削衬板；球在下落的滑动或滚动中挤压物料，物料尖角切削衬板，因此粗磨仓衬板磨损机理是以高应力冲击凿削磨损为主，挤压切削为辅。

3. 隔仓板使用工况条件及磨损机理

粗磨仓粉磨达到一定粒度的物料是通过隔仓板篦缝到细磨仓的。物料对隔仓板篦缝进行挤压冲刷磨损，球和物料对隔仓板进行侧冲击凿削磨损，对于 $\phi<3m$ 磨机的单层隔仓板，为悬臂梁式安装，受力情况恶劣，受力情况恶劣。因此要求材料韧性要好，冲击韧性 $a_k\geqslant25J/cm^2$，硬度 HRC45～50。对于 $\phi>3m$ 磨机的双层隔仓板的篦板，特别是在径向上分 2～4 圈的单块小尺寸隔仓篦板，受力情况大为改善，对材料韧性的要求减小。

4. 细磨仓衬板使用工况条件及磨损机理

通过隔仓板进入到细磨仓的物料已变细，尖角变钝，细磨仓里的球或段直径仅为 15～60mm，冲击力小，因此细磨仓衬板磨损机理是低应力切削磨损。

5. 出料篦板使用工况条件及磨损机理

出料篦板在磨机的出口，主要受小球或钢段的挤压切削磨损。因此以硬度为主选择材料。可选择各类高碳合金钢、高韧性抗磨球墨铸铁等。硬度 HRC50～55，冲击韧性为 8～10J/cm²，即可满足使用要求。

4.3.2　管磨机各类衬板耐磨铸件

4.3.2.1　球磨机内的磨球和衬板

球磨机内的磨球和衬板如图 4-52、图 4-53 所示。

4.3.2.2　球磨机内主要耐磨铸件——各种形式的衬板

各种形式的衬板如图 4-54～图 4-57 所示。

图 4-52 球磨机的磨球

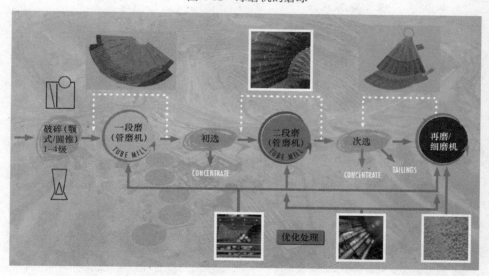

图 4-53 球磨机内衬板

4.3.3 水泥管磨机各部位衬板耐磨材料的选择

4.3.3.1 磨头端衬板耐磨材料的选择

以前采用高锰钢，由于所受冲击不足以充分使其产生加工硬化，硬度仅能达到 HB350 左右，受物料切削冲刷磨损严重，使用寿命低。如果选择中碳多元合金钢衬板，硬度 HRC46～50，冲击韧性 $a_k 15J/cm^2$，使用寿命可比高锰钢提高 1 倍。

$\phi3.0m$ 以上大型磨机磨头端衬板在径向上分 2～4 块，可选择高铬铸钢、高铬铸铁类耐磨材料，使用寿命可比高锰钢提高 3～4 倍。对于分块制造的磨头端衬板，内、中圈端衬板宜选择韧性高的材料（如合金钢），外圈端衬板宜选择硬

131

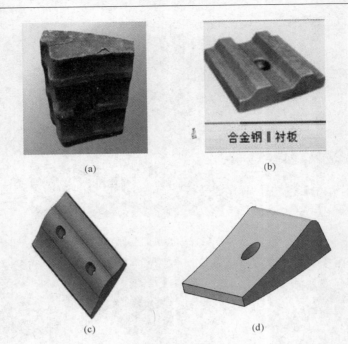

图 4-54 衬板

(a) 一仓沟槽衬板；(b) 一仓凸棱衬板；(c) 一仓大波衬板；(d) 一仓阶梯衬板

图 4-55 隔仓板

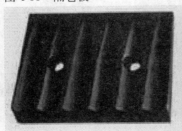

(a)   (b)

图 4-56 一仓和二仓沟槽衬板

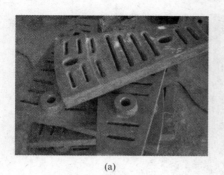

(a)　　　　　　　　　　　　　　　　(b)

图 4-57　合金钢出料蓖板

度高的材料（如高铬铸铁），满足不同的磨损需要。

4.3.3.2　粗磨仓衬板材料选择

粗磨仓衬板要求材料有足够韧性，受切削磨损要求材料有高硬度。根据磨损原理，材料硬度（Hm），应为物料硬度（Ha）的 0.8～1.2 倍，即 Hm/Ha＝0.8～1.2，水泥熟料硬度为 HV500～550，相当于 HRC49～54。所以衬板材料硬度应在 HRC50 以上才耐磨。由于受高应力冲击凿削，冲击韧性 $a_k \geqslant 10J/cm^2$ 才能不开裂，满足使用要求。

因此粗磨仓衬板应选择中碳铬钼合金钢及其类似合金钢材料，硬度 HRC48～55，冲击韧性 a_k15～20J/cm^2，使用寿命可达 2～3 年。对于单螺孔衬板及沟槽衬板可选择高铬铸铁，使用寿命可达 4～6 年。对于 ϕ3m 以上的大型磨机衬板，应选择高韧性高铬铸铁，硬度 HRC58～62，冲击韧性 a_k8～12J/cm^2，使用寿命可达 6～10 年。

粗磨仓衬板中碳铬钼合金钢的化学成分（%）

C	Cr	Mo	Ni	V	Cu	Si	Mn
0.42～0.46	5.0～6.0	0.4～1.0	0～0.6	0～0.3	0～0.4	0.5～1.0	0.6～1.2

实例

Heidelberg 广州越堡：ϕ4.2×14m 水泥磨；

沙特 Najran：ϕ5.0×15m 水泥磨；

苏丹 Berberϕ4.6×13.5m 水泥磨；

Lafarge 赞比亚 CHILANGA：ϕ4.6×15.3m 水泥磨；ϕ4.6×8.5＋3m 生料磨；

Lafarge 乌干达 HIMA：ϕ4.2×14m 水泥磨；

Holcim 坦桑尼亚 TANGA：ϕ4.2×14.5m 水泥磨。使用寿命均保证15,000 hrs 或 21,000hrs 以上。

图 4-58 为沙特 NAJRAN ϕ5×15m 水泥磨沟槽衬板使用 1 年后的磨损形貌。

图 4-59 为广州越堡公司 ϕ4.2×14m 水泥磨沟槽衬板使用 2 年后的磨损形貌。

图 4-58　沙特 HARAN 水泥磨沟槽衬板

图 4-59　越堡水泥磨沟槽衬板

磨前预粉磨条件下的粗磨仓衬板：$\phi 4.2m$ 以上大型磨机，如果磨前有辊压机作预粉磨或联合粉磨，并采用单螺孔的沟槽衬板结构，应选择高铬铸铁，使用寿命可达 8 年以上。

嘉新京阳 $\phi 4.2 \times 13.5m$ 水泥磨前有辊压机＋VSK 选粉机，入磨物料的比表面积已达 $240cm^2/kg$，最大球径 $\phi 30$，应用高铬铸铁材质的衬板相当可靠，合同指标使用寿命 60，000h。

表 4-20　高铬铸铁衬板的化学成分（质量分数/%）

C	Cr	Mo	Ni	V	Cu	Si	Mn
2.6～2.9	15～17	0.2～0.6	0.1～0.4	0～0.3	0.5～1.0	0.5～1.0	0.8～1.2

$\phi 3 \sim 3.4m$ 中型磨机的粗磨仓衬板：

在常规工艺条件下，欲大幅度提高衬板的使用寿命，只能选用高韧性高铬铸铁材质，调整化学成分和热处理工艺，保证高硬度的同时提高韧性，以保证安全使用，寿命可达 5 年以上。

苏州南新 ϕ3.4×11m 水泥磨 2002 年元月安装运行；

天津大站 ϕ3.2×11m 水泥磨 2003 年 12 月安装运行；

山西五星 ϕ3×11m 和 ϕ3.2×13m 两台水泥磨 2004 年 11 月运行；

广西平乐 ϕ3.2×13m 水泥磨 2006 年 9 月安装运行。

表 4-21 高韧性高铬铸铁的化学成分。

表 4-21　高韧性高铬铸铁的化学成分（%）

C	Cr	Mo	Ni	V	Cu	Si	Mn
2.4～2.7	20～26	0.4～0.8	0.3～0.6	0～0.3	0.8～1.2	0.5～0.8	0.8～1.2

图 4-60 为合肥院耐磨材料厂发给 Lafarge 智利 ϕ3.4×12m 水泥磨衬板，2007 年 11 月安装运行。

图 4-60　水泥磨衬板

4.3.3.3　隔仓板耐磨材料的选择

选择高锰钢韧性好，但硬度低，不耐磨，并且易产生塑性变形，堵塞篦缝，影响生产效率。

因此隔仓板应选择中碳铬钼镍合金钢及类似合金钢材料。ϕ3.0m 以上大型磨机隔仓板是分块制作的，可选择高铬铸钢、高韧性高铬铸铁类耐磨材料，使用寿命可比高锰钢 2～3 倍。

4.3.3.4　细磨仓衬板耐磨材料的选择

细磨仓衬板可以选择硬度高、韧性低的耐磨材料。如高碳合金钢，高、中、低铬铸铁，抗磨球墨铸铁等材料，硬度 HRC＞50，冲击韧性 a_k 4～6J/cm^2 均可使用。

磨机衬板不宜选择高锰钢。对粗磨仓而言，因为高锰钢的屈服强度低，易产

图 4-61　用中碳合金钢生产的隔仓板

生塑性变形，尺寸长的衬板会发生凸起变形，钢球的冲击也不能充分产生加工硬化，因此不耐磨。细磨仓衬板承受的冲击力更小，高锰钢的耐磨性更不能得到发挥。

4.3.3.5　出料篦板耐磨材料的选择

出料篦板在磨机的出口，主要受小球或钢段的挤压切削磨损。因此以硬度为主选择材料。可选择各类高碳合金钢、高韧性抗磨球墨铸铁等。硬度 HRC50～55，冲击韧性 a_k8～10J/cm²，即可满足使用要求。

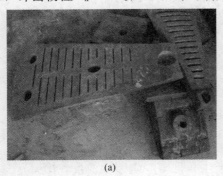

(a)　　　　　　　　　　　　　　　　(b)

图 4-62　合肥水泥研究设计院，江苏靖江恒成耐磨材料公司生产的合金钢篦板

4.3.3.6　我国水泥磨机衬板采用的主要耐磨材料

改革开放 30 多年来，我国水泥磨机衬板耐磨材料的研究和使用得到飞速发展。各类合金钢，各类高铬钢及高铬铸铁，各类高锰钢等广泛用在各种规格磨机的不同部位上。

1. 各类高锰钢材料

我国部分水泥厂水泥磨机磨头衬板锤头等受高冲击的耐磨部位，曾使用的奥氏体锰钢耐磨材料的化学成分与性能见表 4-22。

表 4-22　奥氏体锰钢耐磨材料的化学成分与性能

牌号	化学成分（%）							力学性能			
	C	Si	Mn	P	S	Cr	Mo	σ_s (MPa)	σ_b (MPa)	硬度 HBW	a_{ku} (J/cm²)
ZG120Mn13Cr2	0.95~ 1.35	0.30~ 0.80	11.5~ 13.5	<0.06	<0.04	1.60~ 2.20	0.3~ 0.7	>390	>735	210~ 270	>120
ZG120Mn17Cr2	0.90~ 1.30	0.30~ 0.70	16.5~ 18.5	<0.05	<0.04	1.80~ 2.20	0.5~ 0.8	—	—	200~ 260	>140
ZG120Mn9Cr2	1.05~ 1.35	0.30~ 0.80	8.50~ 10.0	<0.06	<0.04	1.60~ 2.20	—	—	—	220~ 300	>100
ZG120Mn7Cr2	1.00~ 1.30	0.30~ 0.80	6.50~ 7.50	<0.06	<0.04	1.50~ 2.00	—	—	—	230~ 290	>60

注：1. 企业生产时根据使用工况在熔炼时加入适量的各种复合变质剂；
　　2. 企业生产时的热处理工艺一般不对外说明。

2. 各类合金钢耐磨材料

近年来我国耐磨材料企业研制和生产出多种合金钢耐磨材料，在球磨机衬板中等冲击力的工况条件下使用，具有良好的效果。

应用广泛的主要合金钢系列耐磨材料的化学成分、性能、使用范围及有关生产厂家见表 4-22、表 4-23。

表 4-23　主要合金钢耐磨材料的化学成分与性能

牌号	化学成分（%）							力学性能	
	C	Si	Mn	Cr	Mo	P	S	硬度 HRC	a_k (J/cm²)
ZG30CrMnSi	0.28~ 0.35	0.80~ 1.20	1.20~ 1.70	1.00~ 1.50	0.25~ 0.50	<0.04	<0.04	50—51	60~77
ZG34Si2MnCr2	0.30~ 0.40	0.80~ 1.40	1.00~ 1.60	1.50~ 2.50	0.50~ 1.00	<0.03	<0.03	53—55	46~63
ZG35Cr4Mo	0.32~ 0.42	0.50~ 0.80	0.60~ 1.00	3.50~ 4.50	0.50~ 0.80	<0.035	<0.030	48—52	60~90
ZG42Si2MnCr2Mo	0.38~ 0.46	1.50~ 1.80	0.8~ 1.20	1.80~ 2.50	0.20~ 0.40	<0.03	<0.03	53—57	50~80
ZG50Cr5MnMo	0.45~ 0.55	0.30~ 0.80	0.70~ 1.20	4.50~ 5.50	0.50~ 0.60	<0.035	<0.030	50~55	30~50

注：1. 企业生产时根据使用工况在熔炼时加入适量的 V、Ti、RE、B、Ni、Nb 等各种复合变质剂及微合金化元素，获得理想的金相组织及硬度和韧性的最佳配合。
　　2. 企业生产时的热处理工艺一般不对外说明；冲击韧性由 10×10×55 无缺口试样测定。

表 4-24　主要合金钢耐磨材料的使用范围及有关生产企业

牌号	使用范围	部分生产厂家
ZG30CrMnSi	挖掘机铲齿，湿式磨机衬板，8kg 以下小锤头。	衡阳冶金厂，中集华骏，河北鼎基，大同奥博等

续表

牌号	使用范围	部分生产厂家
ZG34Si2MnCr2	球磨机衬板，齿板，推土机齿尖	洛阳矿山机械厂等
ZG35Cr4Mo	球磨机隔仓板，蓖板，5kg 小锤头。	合肥院耐磨材料厂，靖江恒成厂，河北鼎基，宁国东信耐磨等
ZG42Si2MnCr2Mo	球磨机一仓衬板，隔仓板，蓖板	中集华骏，唐山水机厂，河北鼎基等
ZG50Cr5MnMo	球磨机一、二仓衬板，端衬板	合肥院耐磨材料厂，广州有色，靖江恒成厂，徐州中通机械等

3. 各类高硬度高铬合金耐磨铸铁

我国耐磨材料企业生产的各类高硬度高铬耐磨铸铁的化学成分、性能、使用范围及有关生产厂家见表 4-25、4-26。

表 4-25　主要高硬度高铬耐磨铸铁的化学成分与性能

牌号	化学成分（%）									力学性能	
	C	Si	Mn	Cr	Mo	Ni	Cu	P	S	硬度 HRC	ak (J/cm²)
BTMCr2	2.10~3.60	0.80~1.20	0.80~1.50	1.50~2.80	—		—	<0.10	<0.10	48.0~53.0	2.00~3.00
BTMCr8	2.20~3.60	1.20~2.20	1.00~2.00	7.00~10.0	0~2.0	<1.0	<1.2	<0.06	<0.06	>56.0	4.00~8.00
BTMCr15	2.00~3.60	0.60~1.00	0.80~1.80	13.0~17.0	0~2.0	<1.0	<1.2	<0.06	<0.06	58.0~61.0	4.00~6.00
BTMCr20	2.00~3.30	0.60~1.00	0.80~1.50	18.0~22.0	0~2.0	<1.0	<1.2	<0.06	<0.06	58.0~62.0	5.00~9.00
BTMCr26	2.00~3.30	0.60~1.00	0.80~1.50	23.0~28.0	0~2.0	<1.0	<1.2	<0.06	<0.06	58.0~63.0	6.00~9.00

注：1. 企业生产时根据使用工况在熔炼时加入适量的 V、Ti、RE、B、Ni、Nb 等各种复合变质剂及合金化元素，提高淬透性，获得硬度和韧性的最佳配合。

2. 企业生产时的热处理工艺一般不对外说明。硬度和冲击韧性是热处理后的数值，冲击韧性由 10×10×55 无缺口试样测定。

表 4-26　主要高硬度高铬耐磨铸铁的使用范围及有关生产企业

牌号	使用范围	部分生产厂家
BTMCr2	球磨机细磨仓衬板，磨球，磨段	宁耐总厂，马鞍山海峰，鞍山矿山耐磨公司等
BTMCr8	球磨机衬板，中铬磨球	广州有色院，宁耐总厂等
BTMCr15	球磨机衬板，高铬磨球	合肥院耐磨厂，广州有色院，郑州玉升，宁耐总厂，马鞍山海峰，宁国东信厂等
BTMCr20	细破碎机锤头，复合锤头，立磨磨辊，立磨磨盘衬板	合肥院耐磨厂，郑州鼎盛，郑州玉升，苏北建机，山东临沂圣龙，山东临沂天阔，麻阳武义精密铸造厂，中集华骏等
BTMCr26	复合锤头，大磨机分块隔仓板立磨磨辊，立磨磨盘衬板	山东临沂天阔山东临沂圣龙，合肥院耐磨厂，中集华骏，河北鼎基衬板厂等

从表 4-22～表 4-26 可知我国水泥磨机衬板耐磨材料根据不同规格不同部位采用不同的耐磨材料。新型干法水泥磨机前采用挤压辊磨，其 1，2 仓衬板可广泛采用高铬铸铁及高铬铸钢。大部分磨机衬板耐磨材料以各类合金钢为主。分别采用水淬、油淬、空淬等热处理方法。

4. 我国水泥磨机衬板耐磨材料的研制

根据我国金属资源具体情况，从节约资源和生产成本上考虑，水泥磨机衬板耐磨材料应该以各类合金钢为主。对前置辊压机的水泥磨机，可采用 Cr13 或 Cr15 无钼的高铬铸铁、高铬铸钢。

各类合金钢根据不同的热处理方法，选择不同的金属元素及不同的含量。

合金钢化学成分的设计：根据化学成分的设计原则，以我们研制的 ZG48Cr5MoNiVTiBRE 系列多元合金钢为例，化学成分中以碳、铬、为主元素，加入微量钼、镍、钛、稀土、硼等多种元素，它们相互配合相辅相成。钛细化组织，产生沉淀强化作用，增加硬相质点的数量，弥补碳含量低造成的硬度不足；硼强烈提高淬透性；稀土不仅细化组织，净化晶界，改善碳化物和夹杂物的形态和分布，提高抗疲劳性，并提高低合金钢的韧性。

ZG48Cr5MoNiVTiRE 系列多元合金钢的化学成分设计见表 4-27。

表 4-27　ZG48Cr5MoNiVTiRE 系列多元合金钢化学成分设计（%）

元素	C	Mn	Si	Mo	Cr	Ni	Cu	Ti	VB	RE	P	S	使用部位
牌号1	0.45～0.55	0.80～1.20	0.30～0.60	0.0～0.50	4.50～5.50	0.0～0.30	0.0～0.30	+0.30	+0.20	+0.25	<0.035	<0.030	一仓衬板、出料箅板
牌号2	0.35～0.44	0.80～1.20	0.30～0.60	0.30～0.60	3.50～4.50	0.30～0.45	0.20～0.40	+0.30	—	+0.25	<0.035	<0.030	隔仓板、磨头端衬板
牌号3	0.56～0.64	0.80～1.20	0.40～0.70	—	5.00～5.50		0.20～0.50	+0.30		+0.25	<0.035	<0.030	二仓衬板、矿山二级磨筒体衬板

注：1. 成分中的 Mo、Ni、V 根据使用部位和具体工况条件适当加入。

2. Cu 提高淬透性；Ti 细化晶粒提高硬度；RE 变质夹杂、细化晶粒、脱氧、去气应该加入。

3. 为提高硬度增加 C、Cr 含量；为提高韧性降低 C、Cr 含量。

4. 可以用加入 W、B 等元素提高淬透性和硬度。

5. 可以加入 0.3% 的重稀土，代上述微量元素。

4.3.4 国内水泥磨机衬板主要生产方法

4.3.4.1 水泥磨机衬板铸型生产工艺

我国目前大多采用普通水玻璃砂、黏土砂等砂型铸造，近年来一些厂采用 EPC 消失模铸造和真空 V 法铸造。

水泥磨机衬板的各种铸造方法见下面各图：

图 4-63 水玻璃石英砂和树脂砂铸造生产的磨机衬板；

图 4-64 EPC 消失模铸造生产线及磨机衬板铸件；

图 4-65 采用 V 法铸造生产的磨机衬板。

图 4-63　水玻璃石英砂和树脂砂铸造生产的磨机衬板

（a）水玻璃石英砂铸造下箱；（b）水玻璃砂型铸造的衬板铸件；

（c）树脂砂生产线；（d）树脂砂生产的磨机衬板

4.3.4.2 磨机衬板耐磨材料的冶炼

我国耐磨材料的冶炼工艺比较落后，冶金质量差，目前只靠加造渣剂、脱氧剂解决去夹渣去气问题，但很不彻底，钢水纯净度差，加复合变质剂、钠米变质剂、细化晶粒的措施有明显效果，但一定要注意加入方法、加入时间、加入量的多少。

近年来有的单位开始采用炉外精炼，这是有效途径，一般是在炉内或在钢包内吹氩气纯净钢水效果好，应大力推广。

冶炼中严格控制出钢温度，特别是控制浇注温度，在能够充满铸型的条件下，低温度浇注，获得细晶粒组织，提高耐磨性。

图 4-64　EPC 消失模铸造生产线及磨机衬板

（a）EPC 消失模铸造衬板生产线；（b）EPC 消失模铸造的铸件；

（c）EPC 铸造高锰钢衬板刷过涂料的模型；（d）EPC 消失模铸造高铬板模型安装

图 4-65　V 法铸造生产的磨机衬板

（a）V 法铸造用球磨机衬板型板；（b）简易 V 法铸造生产的磨机衬板

4.3.4.3　水泥磨机衬板铸件热处理生产方法

　　近年来我国衬板耐磨材料根据不同的化学成分设计，分别采用空淬、油淬、介质淬和水淬合金钢。采用油淬合金钢及水淬合金钢一方面以提高冷却速度，提高材料淬透，节约提高淬透性的金属材料，从而节约成本；另一方面也使磨机衬板淬火冷却速度均匀，性能均匀。但是一定采用先进的热处理设备，采用先进的工装和先进的热处理工艺。热处理操作一定要认真仔细。

　　淬火温度、保温时间一定按工艺要求进行，否则奥氏体化不充分，冷却后得

141

不到理想的金相组织。

如果操作不当，各别铸件低温淬火，也得不到理想的金相组织。某厂同炉衬板件，成分相同，但使用中出现个别的开裂，看组织粗大，本来应该是马氏体，少量下贝氏体，结果是珠光体组织，造成既开裂，又不耐磨。

高铬铸铁根据不同的化学成分设计，不同的铸件结构分别采用空淬、油淬、介质淬。今后应该大力发展连续热处理炉，尽量减少人为因素，既省人力又确保热处理质量。

以合金钢为例水泥热处理方法下面各图：

（a）　　　　　　　　　　　　　　　（b）

图 4-66　空淬喷雾热处理生产的中碳中铬合金钢磨机衬板
（a）中碳中铬合金钢衬板从热处理炉内吊出；（b）中碳中铬合金钢衬板被散开喷雾冷却

 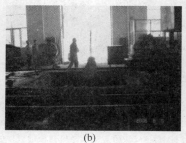

（a）　　　　　　　　　　　　　　　（b）

图 4-67　油淬热处理的中碳合金钢衬板铸件
（a）油淬中合金钢衬板从罩式炉开出；（b）油淬中合金钢衬板淬入油中

从图 4-63～图 4-68 可以看出我国水泥磨机衬板的铸造生产工艺、热处理工艺设备已经具有较高的水平。但发展不平衡，许多耐磨材料厂铸造方法还比较落后；热处理设备工艺还不够完善。有待进一步完善和提高。

(a)   (b)

图 4-68 水淬热处理生产的低碳硅锰钢磨机衬板
(a) 水淬低碳硅锰钢衬板从罩式炉开出；(b) 低碳硅锰钢衬板从水中提出

4.3.5 衬板耐磨材料和生产工艺的发展趋势

4.3.5.1 水泥磨机衬板耐磨材料的化学成分

我国水泥磨机衬板材料近年来发展各类合金钢，为了节约成本尽量少用稀贵合金，采用加入微量元素，提高淬透性，使之产生马氏体，贝氏体组织，通过加入各种变质剂脱氧去气，细化晶粒，提高耐磨性能，这是可取的。

但是有的单位对一些主导合金元素也在减量。这对提高综合性能，对提高衬板的耐磨性能是不利的。

我们从德国 $\phi3.8m \times 12.84m$ 球磨机衬板材料的成分和热处理情况可知，他们 1 仓和隔仓板都是采用碳（C）：$0.35\% \sim 0.42\%$；铬（Cr）：$4.8\% \sim 5.5\%$。采用 1010℃ 油淬、500℃ 回火。硬度达到 HRC56，可知有优异耐磨性能。至于他们含有高量的钼、钒等稀贵元素不可取，但主导元素铬提高到 4.5% 是值得参考的。化学元素设计原则中，关于铬元素的作用指出：铬与碳结合形成多种合金碳化物；"当含铬量增加到 3.0% 即可形成合金碳化物，有资料介绍 1.0%C 和 4.0%Cr 的钢，其组织中除铁素体和渗碳体（Fe，Cr）3C 以外，又出现新的碳化物相（Cr，Fe）7C3。铬含量增加到 5.0% 时，钢中的（Fe，Cr）3C 变成亚稳相，仅有铁素体和合金碳化物（Cr，Fe）7C3"；实际材料的耐磨性能，除保证基体为一定的组织外，要靠碳化物的高硬度。（Fe，Cr）3C 硬度 HV1200 左右，（Cr，Fe）7C3 硬度 HV1800 左右。可见提高含一定的铬量，对提高耐磨性能十分有利。

实际我国有些单位的空淬合金钢含铬量在（Cr）5.0% 时耐磨性能良好，使用寿命达到 3 年以上；特别是近年来有的单位把原 ZG42MnSi2Cr2 的铬提高到（Cr）4.5%，在 $\phi4.2m$ 磨机使用寿命比原来（Cr）2.0% 含量的提高 1 倍以上，可见提高主导元素含量，成本提高不多，耐磨性大幅提高，是十分可取的。

在化学成分选择时一方面要根据衬板的不同部位受冲击受磨损不同，选择不

143

同的合金钢或高铬铸铁等不同的耐磨材料；另一方面当选择某种合金钢时，要通过调整含碳量提高硬度及韧性。

材料发展趋势：高锰钢强化，中低合金钢、ADI 球墨铸铁、CADI 球墨铸铁复合衬板。

4.3.5.2　磨机衬板耐磨材料的冶炼

我国耐磨材料的冶炼工艺比较落后，冶金质量差，目前只靠加造渣剂，脱氧剂解决去夹渣去气问题，但很不彻底，钢水纯净度差，加复合变质剂、钠米变质剂、细化晶粒的措施有明显效果，但一定要注意加入方法、加入时间、加入量的多少。

近年来有的单位开始采用炉外精炼，这是有效途径，一般是在炉内或在钢包内吹氩气纯净钢水效果好，应大力推广。

冶炼中严格控制出钢温度，特别是控制浇注温度，在能够充满铸型的条件下，低温度浇注，获得细晶粒组织，提高耐磨性。

4.3.5.3　衬板的铸造工艺

我国衬板耐磨材料仍然以砂型铸造为主，应推广铸造 CAE 数值模拟技术合理确定铸型工艺；

大力发展 EPC 消失模铸造，V 法铸造，这不仅能提高铸件内在质量和表面质量，而且解决型砂回用问题，减少废物排放，利于环保，应该大力发展。在采用新的方法中，应因地制宜，品种少数量多的一仓二仓衬板采用 V 法铸造；隔仓板、篦子板采用 EPC 消失模铸造；可采用同一真空系统、砂箱、模型分别制作。这种工艺是今后发展方向之一。

铸造生产工艺趋势：消失模铸造，V 法铸造铁及铁模覆砂。

4.3.5.4　磨机衬板的热处理

近年来我国衬板耐磨材料根据不同的化学成分设计，分别采用空淬、油淬、介质淬和水淬合金钢。采用油淬合金钢及水淬合金钢一方面以提高冷却速度，提高材料淬透，节约提高淬透性的金属材料，从而节约成本；另一方面也使磨机衬板淬火冷却速度均匀，性能均匀。但是一定采用先进的热处理设备，采用先进的工装和先进的热处理工艺。热处理操作一定要认真仔细。

淬火温度，保温时间一定按工艺要求进行。否则奥氏体化不充分，冷却后得不到理想的金相组织。

如果操作不当，个别铸件低温淬火，也得不到理想的金相组织。某厂同炉衬板件，成分相同，但使用中个别的开裂，看组织粗大，本来应该是马氏体，少量下贝氏体，结果是珠光体组织，造成即开裂，又不耐磨。

今后应该大力发展连续热处理炉，尽量减少人为因素，既省人力又确保热处理质量。

144

热处理工艺发展趋势：油淬、回火（水基）、CADI 采用等温热处理等。

4.3.5.5　生产高质量的衬板应观注以下几方面

1. 采用先进技术不断提高冶金质量

采用炉外精炼、真空熔炼等先进设备和先进工艺技术，有效地降低非金属夹杂和气体含量，纯洁钢水，提高材料的力学性能和使用的可靠性。采用中频炉冶炼，必须采用严格的脱氧去气措施，确保冶金质量。加复合变质剂、钠米变质剂、细化晶粒的措施有明显效果，但一定要注意加入方法、加入时间、加入量的多少。

近年来有的单位开始采用炉外精炼，这是有效途径，一般是在炉内或在钢包内吹氩气纯净钢水效果好，应大力推广。

冶炼中严格控制出钢温度，特别是控制浇注温度，在能够充满铸型的条件下，低温度浇注，获得细晶粒组织，提高耐磨性。

2. 推广先进的铸造工艺和技术

积极推广 V 法生产工艺、消失模（EPC）生产工艺，发挥它们的优点克服它们的不足，实现绿色铸造。根据铸型不同采用金属型覆模砂工艺、自硬砂、树脂砂工艺。积极采用 CAE 技术更合理的确定浇冒口系统，确保各类衬板铸件无缩孔无缩松，提高铸件的内在质量和外观质量。

3. 采用先进的热处理工艺和设备

应以煤气、天燃气、油、电为能源，逐步淘汰燃煤式热处理炉。加强升温速度、保温时间的监控，确保铸件的热处理质量。根据不同的化学成分设计，分别采用空淬、油淬、介质淬和水淬合金钢。采用油淬合金钢及水淬合金钢一方面以提高冷却速度，提高材料淬透，节约提高淬透性的金属材料，从而节约成本；另一方面也使磨机衬板淬火冷却速度均匀，性能均匀。但是一定采用先进的热处理设备，采用先进的工装和先进的热处理工艺。热处理操作一定要认真仔细。

4. 严格按标准生产和检测产品

我国高锰钢、抗磨白口铁、合金钢等都制定了国家标准，各制造厂应参照最新国家标准，制定企业标准。

5. 建立完整的质量保证体系

完善检测手段，温度测量、化学分析、力学性能测定、金相组织检测、探伤等仪器、设备应齐全、完整，确保出厂产品都为优质产品。

生产工艺过程控制精细，检测手段齐全，全程科学管理，产品质量优异，价格合理，使用寿命长，才是高性价比的备件。

4.3.6　水泥磨机衬板的部分生产厂家

中信重工机械股份有限公司；

合肥水泥研究设计院耐磨材料厂；

广州有色研究院耐磨材料厂；

江苏靖江恒成耐磨材料公司；

徐州中通机械制造有限公司；

河南驻马店中集华骏铸造有限公司；

山西大同奥博耐磨材料厂；

郑州鼎盛合金铸造有限公司；

河北鼎基衬板厂；

江西铜业集团机械铸造有限公司；

山西长丰铸造有限公司；

中信洛阳矿山机械厂。

4.4 粉磨设备备件——管磨机研磨介质（磨球、磨段）

4.4.1 磨球在管磨机中使用工况条件和磨损机理

4.4.1.1 概述

磨球广泛应用于水泥、矿山、火电、非金属加工及磁性材料等的粉体工程。制造磨球的材料多种多样，磨球规格从 $\phi6mm$ 到 $\phi150mm$ 达 30 多种，以满足各行业不同工况条件的需要。全国磨球铸造生产厂约 1000 多家，产量约 $80\sim100$ 万吨，多数为年产量 $1000\sim3000t$ 的中小厂，年产量 $10000\sim30000t$ 的仅有十几家。磨球铸造生产工艺方法多种多样，有铸造磨球、磨段、锻造磨球、轧制磨球、磨段。我国铸造磨球生产量最大。

4.4.1.2 磨球工作原理

一般在球磨机内填充 30％左右的磨球和被磨的物料，磨球在磨机中的运动包括"上升阶段"，在上升运动中，磨球与物料间有相对滑动；"抛落阶段"，在抛落下降时，磨球对物料有冲击作用。根据磨球在磨机内运动情况，可把筒体截面内磨球群分 5 个区，如图 4-69 所示。

图 4-69 筒体截面内磨球群分区

（1）抛落区：磨球脱离筒体沿抛物线跌落，在此过程中球与球、衬板、物料基本不接触；

（2）破碎区：球与球、衬板、物料发生冲击，物料变质剂被冲击破碎；

（3）滑动区：磨球向下滑动过程中，球与球、球与物料发生摩擦，对物料有一定的碾碎作用；

（4）研磨区：随着磨机回转，球与球、球与衬板、球与物料以不同的速度转动，发生相互摩擦，磨球给物料以压力使物料被碾碎和研磨；

（5）死区：球与球、球与物料之间基本不发生相对运动，几乎不发生破碎、碾碎和研磨。

从上述分析可知，磨球工作时受两种作用，一是受反复冲击凿削，磨机转速越快、磨机规格越大、磨球直径越大、冲击凿削作用越大；二是受物料的研磨磨削作用，物料越硬，磨球受磨削磨损越严重。

4.4.1.3 磨球磨损机理

由磨球工作原理分析可知，磨球磨损机理有以下几种：

1）切削和凿削磨损

磨球在磨内运动的上升阶段，与物料相对滑动，被物料中坚硬的组分切削出较深沟槽，相对较软的物料切削出较浅沟槽，因此沟槽深浅不同；物料大小不同，沟槽宽窄不同。磨球抛落时以一定角度接触物料，物料对磨球产生局部凿削磨损，形成凿削坑。

2）变形磨损

磨球与物料相对滑动及冲击时，除了磨球直接受切削和凿削外，还有犁沟变形和凿削变形伴随发生，金属被推挤到沟槽的两边，在物料的重复作用、金属反复变形条件下，因为应变疲劳产生裂纹、裂纹扩展连接形成犁屑薄片而从磨球表面脱落。

3）脆性剥落

磨球在受冲击过程中，脆性相（碳化物）开裂、破碎，自表面剥落，造成磨损。

4）疲劳磨损

磨球在磨内运动的上升阶段，受到反复的滑动和滚动，在抛落阶段受到反复的冲击，在不断的冲击应力、接触压应力、切应力的作用下，在磨球亚表面形成疲劳裂纹，裂纹平行表面扩展，并向表面延伸形成疲劳剥落层。如在远表层的铸造缺陷和夹杂物上生核、扩展将导致宏观疲劳剥落，出现大块碎片，造成磨球失圆。

5）腐蚀磨损

在湿法磨中，磨球还受到腐蚀磨损，几种交互作用的磨损更严重。

6）磨损机理的变化。

（1）磨机规格不同

小磨机磨球受冲击力小，磨损机理以切削变形磨损为主，磨损面切削沟槽明显；大、中型磨机（$\phi 2.4\text{m}$以上）磨球承受冲击力较大，以脆性剥落和疲劳磨损为主，表面产生宏观剥落坑。

（2）磨球材料不同

45Mn2锻钢球以微观疲劳剥落磨损为主，可见显微剥落坑；低铬铸球以宏观疲劳剥落为主，产生宏观剥落坑造成磨球失圆。

（3）物料不同

物料越硬，球受切削磨损越严重，水泥熟料比石灰石硬，水泥磨中磨球的磨损比原料磨中严重。

（4）磨球质量

磨球冶金、铸造、热处理质量差，会引起宏观疲劳剥落磨损，质量好只有微观疲劳剥落磨损。高铬球、低铬球如热处理不当，残余奥氏体多，加上铸造质量差，常产生剥落，早期失效。

4.4.2 磨球耐磨材料的选择

我国建材行业 1994 年制定了 JC/T 535—1994《建材工业用铬合金铸造磨球》。在此基础上我国又颁布了国家标准 GB/T 17445—1998《铸造磨球》，2010年 04 月 01 日实施 GB/T 17445—2009《铸造磨球》代替 GB/T 17445—1998。国家标准中规定的品种有高铬球、中铬球、低铬球、贝氏体球墨铸铁球的化学成分、机械性能、铸球规格和检验方法等。

4.4.2.1 磨球耐磨材料的选择

我国目前铸造磨球采用的主要成分见表 4-28；热处理工艺和主要性能见表4-29。

表 4-28　我国目前生产的主要铸造磨球化学成分（%）

名称	牌号	C	Si	Mn	Cr	Mo	Cu	Ni	P	S
超高铬铸球	ZQCr26	2.0~3.3	≤1.2	0.3~1.5	23.0~28.0	—	—	—	≤0.10	≤0.06
高铬铸球	ZQCr12	2.0~3.0	≤1.2	0.3~1.5	10.0~14.0	—	—	—	≤0.10	≤0.06
多元铬铸球	ZQCr5	2.1~3.3	≤1.5	0.3~1.5	4.0~6.0	—	—	—	≤0.10	≤0.06
低铬铸球	ZQCr2	2.1~3.6	≤1.5	0.3~1.5	1.0~1.5	—	—	—	≤0.10	≤0.06
含碳化物球墨铸铁球铁	CADI	3.2~3.8	2.7~3.5	1.0~3.0	1.0~2.0	—	—	—	≤0.10	≤0.03
奥贝球铁球	ZQQTB	3.2~3.8	2.0~3.5	1.0~3.0	—	—	—	—	≤0.10	≤0.03
铬锰钨铸铁	ZQCrMnW	2.0~3.2	0.8~2.0	2.5~3.5	10.0~22.0	—	—	W:0.1~2.5	≤0.10	≤0.06

表 4-29 我国目前生产的主要铸造磨球热处理和性能

名称	牌号	淬火工艺	回火工艺	表面硬度 (HRC)	冲击韧性 a_k (J/cm²)
超高铬铸球	ZQCr26	1050℃油淬	300℃回火	≥58	≥4.0
高铬铸球	ZQCr12	980℃油淬	300℃回火	≥58	≥3.0
多元铬铸球	ZQCr5	—	580℃回火	≥52	≥2.5
低铬铸球	ZQCr2	—	550℃回火	≥48	≥2.0
含碳化物球墨铸铁球铁	CADI	盐浴温等淬火	300℃回火	≥56	≥9.0
奥贝球铁球	ZQQTB	水玻璃介质淬火	250℃回火	≥52	≥10.0
铬锰钨铸铁	ZQCrMnW	高温度淬火	300℃回火	≥58	≥3.5

锻球和轧球耐磨材料主要采用高碳低合金钢。

4.4.2.2 质量好的磨球应具有下列性能

1. 高耐磨性

对切削磨损、变形磨损和疲劳剥落磨损有足够的耐磨性；对切削磨损要求有高硬度；对变形磨损和疲劳磨损要求有高的应变疲劳、接触疲劳和冲击疲劳寿命。

2. 良好的冲击韧性

在反复冲击磨损条件下，有高的抗冲击性能，不破碎。

3. 高的淬透性

保证 ϕ150mm 大球整体磨损均匀，不失圆。

4. 优良的冶金质量

按规定的标准成分生产，不得有夹渣、夹砂等铸造缺陷。

具体的说，磨机粗磨仓应选择高铬球，细磨仓可选择低铬球。对湿法磨而言，应选择低铬球或锻造钢球，因为在有腐蚀的作用下，高铬球的耐磨性得不到充分体现。

近年来含碳化物球墨铸铁球 CADI 在矿山湿式磨机使用有良好表现，是今后磨球生产的一个发展方向。

从细化晶粒提高耐磨性考虑，应该大量选用金属模具生产的铸球。

图 4-70 8.5m 落球机

4.4.2.3 磨球的质量检验

磨球的质量经验要按照国家标准 GB/T 17445—2009《铸造磨球》（2010.04.01 实施的）规定的试验方法进行。

1. 磨球冲击疲劳试验按 GB/T 17445—2009 铸造磨球附录 A 规定的方法执行。

落球机为 MQ 型，落程 3.5m，试验的磨球为 $\phi100mm$。

目前质量好的低铬球落球次数大于 8000 次；高铬球落球次数大于 10000 次；球墨铸铁球 CADI 在 8.5m 落球机上试验，落球次数达到 11000 次。图 4-70 为 8.5m 落球机。

2. 碎球率的测定与计算要按照 GB/T 17445—2009 铸造磨球附录 B 进行。

低铬球碎球率应小于 1.0%；高铬球碎球率应小于 0.5%。

3. 铸造磨球的球耗要按照 GB/T 17445—2009 铸造磨球附录 C 的方法计算。

4.4.3 磨球铸造生产工艺方法

4.4.3.1 砂型生产工艺

1. 普通砂型生产工艺

按型砂分为黏土湿型砂和水玻璃快干砂两类，按生产方法分为手工造型和机械造型两类。手工造型多为单箱造型水平分型，中心浇、冒口合一的浇注系统，视球径大小放 4～8 个球。$\phi25mm$ 以下的小球采用脱箱造型、多排水平串注或垂直串注的工艺。这种方法落后，质量差，已被其他方法所取代。

2. 叠箱造型

将多箱叠加一起采用共同的直浇道串注，手工造型时一般采用单面模板，机械造型采用双面模板，砂型上、下两面都有型腔。此种方法生产磨球，节约造型和浇注面积，缩短浇注时间，生产效率高，工艺出品率较单箱工艺提高 10%～15%。

3. 迪砂（DISA）生产线

迪砂（DISA）生产线是垂直分型射挤压无箱造型生产线最近在铸球行业得到位较为广泛的应用，特别适合生产中小规格的铸球和铸段，其砂型尺寸依据铸件尺寸及生产效率而定，可选用 400mm×500mm；480mm×600mm、最大砂型尺寸可达 535×750mm 及其他规格尺寸，砂型厚度可在 130～330mm 之间调节，砂型两面均可带型腔，每箱可排布多个铸球，每小时生产率为 120～360 箱，迪砂（DISA）生产线是无箱射压造型，垂直分型工艺。连续造型、连续浇注，也可以间断造型、间断浇注。同一条线上采用快换模板，可以生产 $\phi10～130mm$ 多种不同规格的磨球，调整品种非常方便，但生产 $\phi50$ 以上大球用砂量大，生产成本较高。

因采用潮模砂，旧砂经再生处理后可反复使用，型砂成本较树脂砂低。但要严格控制型砂的水分和陶土加入量，砂型强度控制在 0.1～0.2MPa、透气性＞

80 要有合理的浇注系统，配合高标准的冶金质量，就能连续不断地生产出质量稳定的各种铸球。

迪莎生产线自动化程度高，只要熔化工部匹配合理，铁水供应及时，生产线可以连续生产。一条线三班生产能力，按生产 Φ30mm 的磨球计算，年产量可达万吨，批量大的磨球生产厂采用较经济合理，也是目前生产小球小段的最佳工艺选择。

迪莎生产线需配套砂处理、落砂清理、砂再生以及热处理多项设备，一次性投资大，生产量小的工厂很难采用。

比利时马格托公司在世界各地的磨球厂均采用迪莎生产线生产各种规格的磨球，目前国内已有十多家耐磨材料厂采用垂直分型射挤压造型生产线生产小球和小段。

宁国开源耐磨材料有限公司的垂直分型射挤压造型生产线主机如图 4-71 所示、在线保温包浇铸如图 4-72 所示。

图 4-71　垂直分型射挤压造型生产线主机

图 4-72　在线保温包浇铸

迪莎生产线的缺点是：

（1）一次性投资大，一条线的主机和辅机及配套工程国产设备投资在 500 万元以上，如果进口设备价格更高；

（2）该线采用黏土潮模砂，对型砂的水分、湿强度等指标要求很严格，管理不好就会产生废品；

（3）砂处理及除尘设备庞大，生产线运行部分装机容量达 600kW，用电量大，运行成本高；

（4）工艺出品率偏低，一般只能达到 60％～65％，比手工生产要降低 10％以上，因此生产成本比手工金属模成本要高 200 元/t 以上；

（5）砂模铸球冷却速度比金属模慢，表面硬度比金属型铸球低 2～5HRC，生产低铬球耐磨性比金属型铸球低，但生产高铬球因为要进行高温热处理，最后效果是一样的；

（6）生产大球因砂型厚，用砂量大，成本比小球还高。

4. 树脂砂生产工艺

为了提高水泥细度增强磨机研磨效果，磨机中采用微球、微段增加，并且对 $\phi6\sim20mm$ 的微球和 $\phi8mm\times8mm$ 到 $\phi25mm\times25mm$ 的微段的尺寸精度及表面光洁度要求高，一般砂型或金属型生产，产品质量很难达到要求，且生产率低。因此采用覆模砂射芯热固化成型工艺生产线，叠箱造型，可大批量生产微球、微段，质量可靠，工艺出品率比黏土湿砂型提高 15％～20％，正品率提高 15％左右。宁国市耐磨材料总厂曾经建成年产 5000t 的微球、微段生产线。（现在采用迪砂（DISA）生产线）

4.4.3.2 金属型铸造

金属型导热性能好，对铸球具有激冷作用，使磨球、磨段晶粒细化、组织致密，析出的碳化物呈放射形纤维状排列，内部缩孔、缩松较少，力学性能和抗磨性能比砂型铸造大幅度提高。

1. 单球金属型铸造

单球金属型模具有水平分型和垂直分型两种，采用浇、冒口合一顶注方法，浇、冒口部位采用漂珠等保温材料制造的保温套。此生产方法工艺出品率和生产率低，一般用于 $\phi80mm$ 以上的铸球，目前已很少应用。

2. 多球组合金属型铸造

该工艺采用水平分型，浇、冒口合一，中心浇注浇、冒口部位采用漂珠等保温材料制造的成型保温套或采用黏土砂、水玻璃砂及煤粉保温砂现场制作。适用于生产 $\phi30\sim130mm$ 多种不同规格的铸球，铸球分布在浇、冒口部位四周，每箱 4～8 个球，视球径大小而定。工艺出品率和生产效率比单球金属型铸造有大幅度提高。目前许多中小厂都采用这种生产方法。

3. 金属型要求

（1）金属型材料的选择：要求材料具有一定的高温强度、韧性、良好的热导率、抗高温氧化性能好、有较高的耐磨性和弹性模量、膨账率要小、加工性能好、价格便宜等。

国内一般采用普通灰铸铁，使用 400～500 次后产生龟裂、麻点，进而发生型腔表面剥落、熔融、体积膨胀变形等，严重影响铸球外观质量。

（2）采用蠕墨铸铁金属型，使用寿命比普通灰铸铁推广 30％～40％；

（3）采用铜合金制作生产铸球金属型的球碗，寿命可达几万次。也可在球碗喷涂高温涂料，提高使用寿命。

表 4-30　灰铸铁金属型使用寿命统计

铸球直径	金属型使用寿命（次）	模具费（元/t 铸球）
$\phi < 50mm$	1000～2000	40～50
$\phi 60～90mm$	600～1000	30～40
$\phi 100mm$ 及以上	400～600	25～35

注：1. 金属型使用寿命连续生产长于间歇生产；

　　2. 大球模具球碗部位可以更换，型体可反复使用。

4.4.3.3　金属型铸球生产线

1. 概述

随着国民经济的发展，对各种资源需求的增涨，资源性产业得到蓬勃的发展，对磨矿所需的研磨介质的需求也在逐年增加，根据有关资料统计我国研磨介质年需求量超过 200 万吨，而其中 80％以上是采用手工生产。由于手工生产工人劳动强度大、车间生产环境恶劣、招工困难，职工队伍很难稳定、劳动力成本大幅上升，同时产品质量波动起伏。从磨球生产发展趋势来看，采用机械化铸球生产线是必由之路，形成规模化、机械化、自动化生产将是磨球生产行业发展的必然趋势。

对于如何选择机械化铸球生产线的工艺和装备是现阶段各铸球生产厂非常关心和需要认真考虑的问题。每个厂家必须根据本厂的具体情况，如：各种规格的铸球产量、材质、产品的用户对象、市场潜力、本厂将来的发展规模以及目前的资金实力和技术实力等因素来综合考虑，选择最适合本企业实际的机械化铸球生产线。

金属型铸球生产线适用于 $\phi 60mm$ 以上的铸球；$\phi 30～50mm$ 的铸球应该采用手工金属型生产；$\phi 25mm$ 以下的微球、微段应该采用覆模砂射芯热固化成型工艺生产；目前大多采用迪砂生产线生产。

必须有相应的配套措施，保证充足的铁水供应，才能充分发挥金属型铸球生产线的能力。生产线的设计制造必须保证安全可靠。采用的材料、气动元件、电器配件应该稳定安全，才能最大限度提高生产线运转率。

金属型模具设计和材料选择是生产线效益的关键，直接影响铸球的工艺出品率、质量和模具寿命，影响企业的经济效益。

1）金属型铸造生产线及覆砂工艺

金属型由于具有较快的冷却速度，可使磨球组织细化耐磨。但如前所述必须增加保温浇冒口系统，才能保证磨球得到充分补缩和排气。目前一些大型厂采用自动化覆砂制芯（保温冒口），提高制芯速度、稳定制芯质量、改善劳动条件、易于联成生产线。实现金属型铸造生产线铸球自动化连续生产。

（1）近年来人们对自动化覆砂制芯系统进行了大量的试验研究和试制，摸索出一套可行的自动化覆砂制芯工艺，解决了这一技术关键，为金属型铸造生产线制造奠定重要基础。

（2）金属型铸造生产线另一技术关键是模具设计，目前有的生产厂已经把原来一型8~12个球发展到32~48个球，大大提高了生产效率，当然要特别注意补缩和排气问题；

（3）金属型上、下型采用覆膜砂既具有高冷却速度又保护模具，经济效益好；

（4）在金属型铸造生产线上采用恒温浇注装置，确保冶金质量。

2）我国机械化铸球生产线的现状

近十几年来，国内外一些厂家、设计和研究单位一直对机械化铸球生产线的工艺和装备进行了长期的研究，也取得了许多成功的经验和失败的教训。目前我国比较成功的铸球机械化生产线有全覆膜砂生产线、垂直分型射挤压小球小段生产产线、金属型简易大球生产线，正在运行或试生产的铸球机械化生产线见表4-31。

表 4-31 我国正常在生产的部分铸球生产线

序号	使 用 厂	生产线类型	数量	投产时间（年）
1	北京中发钢球有限公司	垂直分型挤压造型生产线	1	1995
2	马鞍山东洋铁球	铁模顶铸上型覆砂生产线	1	1997
3	马鞍山东洋铁球	树脂砂小球生产线	1	1997
4	宁国市耐磨材料总厂	铁模全覆膜砂生产线	10	2002
5	宁国市耐磨材料总厂	射挤压造型小球生产线	5	2002
6	江西德兴铜矿机械制造公司	铁模顶铸上型覆砂生产线	1	2005
7	江西德兴铜矿机械制造公司	铁模上、下型覆膜砂生产线	1	2006
8	金川集团机械制造公司	铁模上、下型覆膜砂生产线	1	2007

序号	使　用　厂	生产线类型	数量	投产时间（年）
9	宁国开源耐磨材料有限公司	铁模上下型复砂简易生产线	1	2010
10	宁国开源耐磨材料有限公司	射挤压造型小球生产线	1	2009
11	宁国东方碾磨材料有限公司	射挤压造型小球生产线	1	2009
12	宁国诚信耐磨材料有限公司	射挤压造型小球生产线	1	2009
13	宁国耐磨配件有限公司	射挤压造型小球生产线	1	2009
14	河北迁西奥迪爱机械制造公司	铁模上、下型覆膜砂生产线	1	2010
15	马鞍山益丰耐磨材料有限公司	铁模上下型复砂简易生产线	1	2011

2. 机械化铸球生产线评述

1）金属型全覆砂生产线

宁国耐磨材料总厂在总结国内外研制生产线经验的基础上，将原来金属模浇冒口覆砂改为全覆砂，并将模具增大，一模可铸十几个到几十个球，并利用一个保温浇注包在线浇注以提高生产线的生产效率，重点解决生产 $\phi40\sim70$ 的中等规格的磨球生产效率低的难题。

全覆膜砂生产线的设计其指导思想是：

（1）在手工金属型基础上改进的金属型半模覆砂工艺，虽然可以解决 $\phi80$ 以上大球生产问题，但生产 $\phi80$ 以下的中等规格的铸球效率偏低；

（2）要实现在线保温炉直接底注，每次浇注的铁水重量必须大于 30kg 以上，否则底注塞杆和塞头开闭次数频繁，而塞杆和塞头的寿命是有一定限度的，这样就要增加磨球生产成本；

（3）要解决上述两个问题，就必须增加每型的球数，将模具增大，原来大球 1 模 4 个，现在改为 1 模 16 个，$\phi40\sim70$ 1 模可以生产几十个。模具示意如图4-73所示。

（4）模具增大后在连续生产时变形量也随之增大，产生翘曲变形，浇注时常造成铁水跑箱事故，同时模具寿命比手工模具要低得多，经常要更换新模具，而模具增大后加工难度增大，这样加大了磨球的模具成本；

（5）为了解决上述矛盾，采用金属型全覆砂工艺，也就是将浇冒口和球碗用射砂机射砂成型，表面用电热模板固化，心部覆膜砂利用模具余热继续固化。

铁模全覆砂生产线优点是：

（1）由于球碗内覆砂，所以球碗就可以不加工，模具加工简化，费用大大降低；

（2）由于浇注时高温铁水不和金属型直接接触，大大改善了金属型工作条件，减少了热变形和热裂纹，提高了模具的使用寿命，降低了磨球的模具

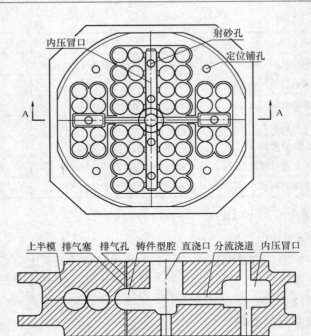

图 4-73　覆膜砂铸球生产线模具示意图

成本；

（3）由于球碗内采用覆膜砂，克服了原金属型球碗使用一段时间后因球碗龟裂而影响磨球外观质量。同时，由于覆膜砂固化后强度高，合模时不会掉砂，采用此工艺后，磨球的外观质量大大提高，磨球平均精度达 CT7 级左右，表面粗糙度达 12.5μm 左右；铸造工艺出品率 80% 以及正品率 97% 以上，明显高于砂型和一般金属型；

（4）覆砂层有效地调节了铸球、铸段的冷却速度。一方面金属液在注入型腔时不与金属型直接接触，不会发生过冷；另一方面又使冷却速度大于砂型铸造。当铁水浇入金属型覆砂铸型后，冷却速度与砂型相比提高了 3～6 倍左右，其结果使铸球、铸段的晶粒明显细化、均匀，金相组织致密，内部无铸造缺陷，综合机械性能显著提高，既保持了金属型模具的优越性又具有砂型的特点；

（5）该线由于模具增大，生产效率显著提高，一条线年产量可达 6000～20000t，而且解决 φ40～70 的中等磨球机械化生产的难题。

该线存在问题：

（1）由于型腔和浇冒口全部采用覆膜砂，吨球用砂量 140～360kg，按覆膜砂售价 1000 元/t 计算，吨球型砂成本比手工金属型采用黏土水玻璃砂要增加

130～350元；

（2）覆膜砂要求在线上加热固化，一付型板模具内加热管共16根，总功率达28.8kW，线上共6付型板模具，总装机容量达170kW，吨球造型用电达70～100度，能耗高；

（3）由于采用在线保温炉底注工艺，保温炉吨球用电20度；再加上保温炉用耐火材料，吨球成本要增加约30元；

（4）为了生产线能稳定、连续和安全生产，塞杆、塞头和塞座要求一班之内不更换，一般者是采用石墨质材料，材料要求高，价格贵，这样又要增加成本100元/t左右；

（5）采用生产线生产后，易损件增加，运行成本增加；

（6）虽然模具寿命提高，成本降低，生产工人适当减少，人工费用降低，但综合生产成本比手工生产成本还是要高200～300元/t。

金属型在线浇注全覆砂生产线如图4-74和图4-75所示。

图4-74　金属型在线浇注全覆砂生产线　　图4-75　全覆膜砂模具图

由于全覆膜砂铸球工艺具有独特的优点，适合生产中等规格的铸球，已有多家耐磨材料企业业采用。

2）机械化铸球生产线是今后铸球生产的发展趋势

在当前劳动力成本不断上升，铸造行业招工困难的情况下，耐磨材料企业采用机械化生产线是一条必然趋势，目前国内现有的铸造磨球机械化生产线都是各个厂家根据本厂自身的特点规划、设计和制作，并经历了许多不断修正和完善的过程。总结起来，在选择铸造磨球机械化生产线类型时应当考虑以下几个问题：

（1）生产规模较小（5,000t/年）以下，暂时可以不必急于考虑上生产线，没有一定的生产规模就不具备采用机械化铸球生产线的条件。

（2）一条生产线不可能介决所有不同规格磨球的生产问题，针对不同规格的磨球可选择不同工艺方法的生产线：

$\phi80\sim130mm$ 的大球可以选择金属型半机械化铸球生产线；

$\phi30mm$ 以下的小球可以优先考虑采用垂直分型无箱造型生产线；

$\phi40\sim70mm$ 中等规格的磨球可以考虑全覆砂生产线。

（3）规划生产线的时候要同时考虑熔炼设备与之匹配，炉子的熔化能力要与生产线的最大生产能力相匹配，保证有合格的铁水连续供应，否则生产线不能充分发挥生产效率。单台炉子熔化量大小的选择要根据生产线生产球径大小和浇注速度而定，合格的铁水不能在炉内停留时间太长。

（4）根据国内磨球厂生产经营状况，生产线设计的动作不要太复杂，不要追求高度自动化，动作越多故障点也越多，动作能省的要省，能合并的就合并，这样既可降低造价，又适合磨球厂工人的技术水平。

（5）生产线浇注方法可以多种方式，在线保温炉底注是比较先进的选择，但也可以采用单轨滑动浇包手工浇注。这样可以两个以上浇包同时浇注，提高生产线的浇注速度，降低生产成本；有的单位采用特制浇注包，比较先进。

（6）在规划上生产线时要从投资、效率、成本、质量、维修、能耗及不同规格的磨球本厂生产的批量等各方面因素综合考虑，然后再确定上哪种型式的生产线并要选择正规的设计和制造单位进行合作，才能取得较好的效果，特别是目前铸球行业利润率偏低，一般只有 $3\%\sim6\%$ 的利润率，如果选择的生产线每吨成本上升几百元，这样就要大降低在市场上的竞争能力。

4.4.4　磨球熔炼、浇注与热处理工艺

4.4.4.1　铸球的熔炼与浇注

（1）按照设计成分认真配料；主要元素的相对收得率：C 为 95%；Cr 为 $90\%\sim95\%$；Mn 为 $70\%\sim85\%$。废钢、铁合金都要准确秤重。

（2）装料熔化前要认真检查炉衬使用情况，发现炉衬损伤、缺陷，应进行修补然后再装料熔化，损伤、缺陷严重应停止装料，更换炉衬。

（3）装料顺序一般为大块物料应该装在靠近炉子坩埚壁，小块炉料装在炉底和中间；炉底可先加入少量碎玻璃再加回炉浇冒口等小块料，大块炉料的空隙必须用小块炉料充填。炉料装的紧密，则熔化快，耗电量少。装料时必须停电操作，以免发生人身事故。

（4）炉料应无锈、无油污；铬铁应中后期分批加入，锰铁在出水前 $7\sim10min$ 加入；硅铁在出水前 $4\sim6min$ 加入；稀土等微量元素变质剂放在包内，采用冲入法。

（5）随着炉料的不断熔化，应及时捣料，防止炉料搭接及液面结壳，一旦液面结壳，可将炉体倾斜一定角度，用已经熔化的铁水将表层结壳熔化。

（6）全部熔化后取样化验 C、Cr；根据化验结果调整成分，铁水出炉温度为 $1550℃$，浇注温度为 $1450\sim1470℃$。

（7）浇注时要保持铁水温度，做好挡渣、引气等工作。

目前许多大中型铸球生产厂采用金属型铸球生产线生产，采用恒温浇注机浇注铸球，使温度、成分、金相组织均匀，质量可靠。

图4-76为宁国市耐磨总厂金属型铸球生产线及恒温浇注机浇注铸球的照片。

(a)　　　　　　　　　　　　　　　　(b)

图 4-76

（a）宁国市耐磨总厂金属型铸球生产线；（b）恒温浇注机在生产线上浇注铸球

4.4.4.2 铸球的热处理工艺

1. 高铬铸球热处理原理

高铬铸球在马氏体条件下具有最高的磨料磨损抗力。高铬铸铁凝固时形成的奥氏体及在非常高的高温下形成的奥氏体为碳、铬及其他元素所饱合，所以非常稳定。当温度降低时，Cr、C以二次碳化物析出，减少了Cr、C在奥氏体中含量，降低了奥氏体的稳定性，不稳定的奥氏体可以形成珠光体、贝氏体、及马氏体。碳化物析出缓慢，中等冷却速度可能有过饱合的奥氏体保留到室温。所以高铬铸铁的铸态组织经常是珠光体、马氏体及残余奥氏体的混合组织。薄断面是奥氏体，厚断面是珠光体。铸态得到没有珠光体的马氏体是不可能的，只有经过热处理或加入 Mo、Ni、Cu 等合金元素才能得到没有珠光体的马氏体。

为了得到马氏体不至于有过多的残余奥氏体，高铬铸铁需要在 950～1000℃ 透烧，使组织去稳定化。透烧过程中由于有二次碳化物析出，使基体中的 Cr、C 都降低，则奥氏体不稳定，在足够的冷却速度下变为马氏体。

高铬铸铁组织去稳定化后，基体的淬透性决定于 Cr、C 含量，碳不变增加铬，能提高淬透性；铬不变提高碳降低淬透性。

铬和碳的作用用 Cr/C 比来表示，Cr/C 比对避免形成珠光体的最大半冷时间的影响：（半冷时间：从淬火温度冷却到淬火温度与室温之差的一半温度所需要的时间，如淬火温度 1000℃，室温 20℃一半为（1000～20℃）/2＝490℃）多数高铬铸铁成分为 Cr＝12％～20％；C＝2.5％～3.3％；Cr/C 比为 4～8。

在只有铬的高铬铸铁中，要避免珠光体的最大半冷时间为 10min。相当于 20～30mm 的铸件在空气中的冷却时间。这对大多数铸件是不够的。人们开始时是用合金化来解决，加入钼能显著提高淬透性，如果加入 2.5%～3.0%Mo；Cr/C=5～7 时 100mm 厚的铸件可完全淬透硬化。

大断面铸件由于淬透性不足，有珠光体形成使抗磨性下降，由于是珠光体和马氏体的混合组织，珠光体先转变，马氏体后转变产生相变应力易开裂，即大断面铸件有珠光体和马氏体的混合组织存在，既不耐磨又易开裂。

2. 淬火温度的确定

由前述可知淬火温度影响 C、Cr 在奥氏体中的溶解度，所以影响转变特征和最后硬度。

（1）碳：C 在奥氏体中的溶解度随着温度的升高而增加，（这是碳化物的熔入过程）较高的 C 含量，具有较高的淬透性，淬火后马氏体的硬度也高。但 C 含量提高到一定限度，进一步提高 C 含量，却造成残余奥氏体增加，使硬度下降；

（2）铬：Cr 提高铁素体向转变的温度，Cr 提高相应达到最大硬度值的温度也提高，所以相应淬火温度：

① 15% Cr 时，最大硬度的淬火温度为 940～970℃；

20% Cr 时，最大硬度的淬火温度为 960～1000℃。

② 作为采用油淬高铬铸球，

13%Cr 时最大硬度的淬火温度为 930～950℃；

18%Cr 时最大硬度的淬火温度为 960～980℃。

3. 回火温度的确定

一般 250～300℃可消除热处理热应力；400～600℃可使残余奥氏体转为马氏体，生产二次硬化，但硬度低于淬火马氏体的硬度，回火后马氏体被软化。

4. 热处理加热速度

应该缓慢加热（80～100℃/h）到 700℃左右 后可随炉升温，因为高铬铸铁导热差，低温升温快内外温差大易开裂。

4.4.4.3 热处理方法

1. 油煮热处理方法

采用油煮的方法选择油的闪点为 250～320℃高牌号机油或锭子油，将球在 230℃煮 6～8h，使球为奥氏体基体或屈氏体基体的复相组织，硬度为 HRC55 左右。有人叫奥氏体高铬铸球，有人叫屈氏体高铬铸球，有一定的使用市场。也有人用硝酸钾和亚硝酸钠各 50%熔化成液体将球放入煮 5～6h，硬度为 HRC50～55。这样处理的前提是采用金属型，浇注后待冒口呈暗红色立即开型风冷。这种生产方法目前已很少应用。

获得屈氏体基体铸球油煮生产方法如图 4-77 所示：

(a)　　　　　　　　　　　(b)

图 4-77　屈氏体基体铸球油煮生产方法

(a) 简易油煮设备；(b) 一批油煮过的屈氏体铸球

2. 普通热处理方法

采用台车式燃煤炉、燃气路炉、箱式电炉等进行热处理，球放在炉筐内，出炉后一筐一筐倒在摇床上，用轴流风机，风冷淬火，其均匀性差，淬火质量不理想，生产效率低。图 4-78 为其热处理过程。

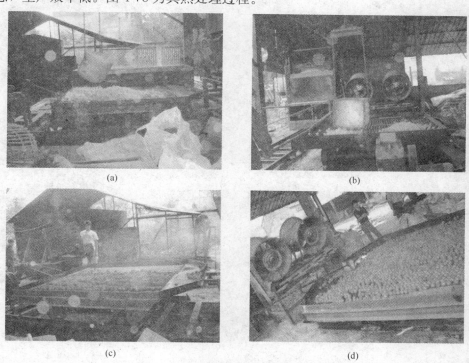

(a)　　　　　　　　　　　(b)

(c)　　　　　　　　　　　(d)

图 4-78　热处理过程

(a) 台车开出吊下一筐铸球；(b) 铸球倒在摇床上开风机淬火；

(c) 摇床摆动使球冷却均匀；(d) 一筐淬火好的铸球

3. 连续热处理炉淬火及回火

METC 株州现代装备技术有限公司最先生产出全自动 TGL-270 型推杆式连续热处理电炉生产线。近年来许多厂家如宁国市志诚机械制造有限公司、宁国市四方钢球模具设备有限公司、宁国市新宁实业有限公司先后生产全自动推杆式连续热处理电炉及连续热处理燃气炉。

前几年采用风淬；目前由于钼、镍等铁合金价格高，人们已经很少加钼、镍等铁合金，而是用不同的冷却介质通过调整淬火温度提高冷却速度，使基体为马氏体，如马鞍山东洋铁球、宁国市耐磨材料总厂、宁国诚信耐磨材料有限公司、马鞍山海峰耐磨公司等单位采用不同冷却介质油淬火，取得明显的经济效益。硬度为 HRC50～55。

采用电加热油淬连续热处理炉如图 4-79 所示。

(a)   (b)

(c)   (d)

图 4-79　电加热油淬连续热处理炉
（a）电加热油淬连续热处理炉；（b）连续热处理炉出口部分；
（c）推杆式连续热处理炉入口；(d) 连续热处理电炉回火

采用煤气加热连续热处理炉油淬如图 4-80 所示。

(a)　　　　　　　　　　　　　　(b)

图 4-80　煤气加热连续热处理炉油淬

（a）采用煤气加热连续热处理炉体；（b）连续热处理炉油淬机构

图 4-81 为马鞍山海峰耐磨公司 连续热处理电炉油淬生产现场。

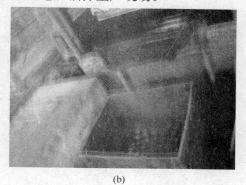

(a)　　　　　　　　　　　　　　(b)

图 4-81　连续热处理炉油淬生产现场

（a）高铬铸球等待装入连续热处理炉；（b）油淬后的高铬铸球

采用金属性生产高铬铸球，用连续热处理炉进行热处理，温度控制准确合理，由于每一节淬火出来的球数量少、冷却均匀、质量好、性价比高，是今后磨球生产的发展方向。

4.4.4.4　高铬铸球的性能和金相组织的测定

　　1. 高铬铸球硬度和冲击韧性的测定

表 4-32　高铬球的化学成分设计（%）

规格 ＼ 元素	C	Mn	Si	P	S	Cr	Mo	Ni	RE
φ70～90	2.3～2.7	0.5～0.9	0.3～0.7	<0.08	<0.06	11.0～11.5	0/0.5	0～0.5	+0.25
φ40～60	2.5～2.8	0.4～0.8	0.3～0.6	<0.08	<0.06	11.0～11.5	0～0.3	0～0.3	+0.25

实际化学成分采用德国制造的 SPECTRO（斯派克）直读光谱仪测定成分见表 4-33。

表 4-33　高铬球的实际化学成分（%）

元素	C	Si	Mn	Cr	P	S	Mo	Ni	Cu	V	Nb	B	Ce	Al	Mg
80 球	2.51	0.34	0.60	11.18	0.018	0.02	0.025	0.085	0.02	0.04	0.02	0.002	0.006	0.017	0.013
70 球	2.65	0.57	0.62	10.96	0.031	0.03	0.020	0.060	0.02	0.03	0.01	0.001	0.005	0.015	0.012

以马鞍山海峰耐磨公司为例，（有 7 台套全自动 TGL-270 型推杆式连续热处理电炉，2012 年生产铸球 2 万多吨，70% 为高铬球）他们采用 DK77 系列电火花数控线切割机床，从 $\phi70$ 和 $\phi80$ 球中心切取 10mm×10mm×55mm 冲击试样如图 4-82 所示。采用 JB-30B 型冲击试验机（图 4-81）测定冲击韧性；采用 HR-150A 型洛氏硬度计（图 4-83）测定球的硬度。测定的冲击韧性和硬度值见表 4-34。

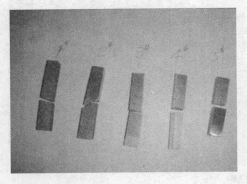

图 4-82　切取的 10mm×10mm×55mm
　　　　　冲击试样

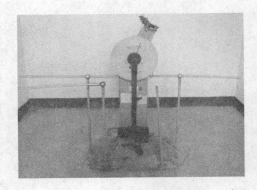

图 4-83　JB-30B 型冲击试验机

图 4-84　HR-150A 型洛氏硬度计

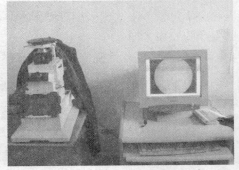

图 4-85　XJL-03 型金相显微镜

表 4-34 $\phi70$ 和 $\phi80$ 球的冲击韧性和硬度值

规格 项目	硬度（HRC）	平均硬度（HRC）	冲击韧性（a_k：J/cm²）
$\phi80$ 球 1♯	63.0，64.0，63.0，60.0，61.0	62.2	2.78
$\phi80$ 球 2♯	63.2，64.0，63.5，63.0，62.5	63.2	4.04
$\phi80$ 球 3♯	61.0，60.5，63.0，62.5，61.5	61.7	3.48
$\phi80$ 球 4♯	60.0，62.0，61.0，61.0，63.0	61.4	2.75
$\phi70$ 球 5♯	63.0，62.0，61.0，63.0，63.5	63.5	3.96

从表 4-34 可以看出 $\phi80$ 球经过连续热处理炉采用介质油淬火并回火后，硬度达到 HRC62～63，冲击韧性达到 3.48～4.04（a_k：J/cm²）；$\phi70$ 球硬度达到 HRC61～62；冲击韧性达到 3.96（a_k：J/cm²）。说明淬火并回火后硬度高，耐磨性好。采用从球本体只能取 10mm×10mm×55mm 冲击试样；众所周知白口铁类材料是采用 20mm×20mm×110mm³ 冲击试样的，如果采用 20mm×20mm×110mm 冲击试样，冲击韧性达到 5.0～6.0（a_k：J/cm²）；可见其冲击韧性好，完全满足使用要求。

将一组淬火并回火后的球放在东洋铁球自磨机式冲击磨损试验机与其 Cr13 球对比试验，结果达到或超过东洋铁球 Cr13 球的性能。

2. 高铬铸球的金相显微组织观察

将 $\phi80$ 球 2♯试样，$\phi70$ 球 5♯试样进行制样，在 XJL-03 型金相显微镜（图 4-85）上观察金相显微组织煤如图 4-86、图 4-87。

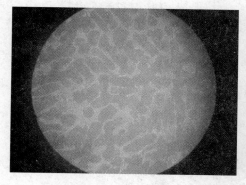 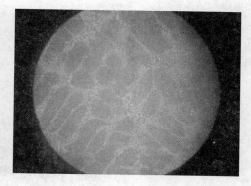

图 4-86 $\phi70$ 球 5♯试样显微组织 　　　　　图 4-87 $\phi80$ 球 2♯试样显微组织

从图 4-86、图 4-87，可以看出 $\phi70$ 球、$\phi80$ 球的基本组织都是回火马氏体加细断网状及菊花块状碳化物（约 25%～30%），及极少量残余奥氏体。只是 $\phi70$ 球组织细些，因此硬度稍高。

4.4.5 磨段材料的选择和主要生产方法

4.4.5.1 磨段材料的选择

磨段耐磨材料一般都是按照 2010 年 04 月 01 日实施的 GB/T 17445—2009《铸造磨球》。国家标准中规定的高铬球、中铬球、低铬球、贝氏体球、墨铸铁球的化学成分，机械性能等，根据不同的工况条件进行选择。

4.4.5.2 磨段的生产方法

1. 砂型铸造

普通手工砂型铸造的造型型板如图 4-88 所示。

机械化迪砂生产线砂型铸造如图 4-71 垂直分型射挤压造型生产线主机。

2. 金属型铸造

1) 简易金属型铸造

采用钢段条模浇注，条模如图 4-89 所示。

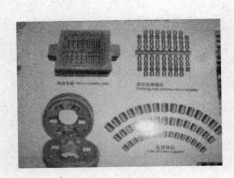 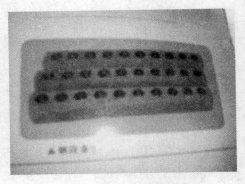

图 4-88　造型型板　　　　　　　　图 4-89　钢段条模浇注

2. 小型金属型铸造

采用手动铸段机浇注钢段如图 4-90 所示。

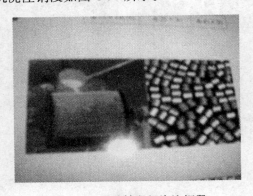

图 4-90　手动铸段机浇注钢段

3. 机械化金属型铸造

图 4-91（a）为"组合式激冷金属型铸段机"，图 4-91（b）为"组合式激冷金属型铸段机"浇注时的情景。

（a）　　　　　　　　　　　　　　　　　（b）

图 4-91　激冷金属型铸段机

4.4.5.3　磨段生产发展趋势

（1）小形状磨段采用机械化迪砂生产线铸造；

（2）大形状磨段采用机械化金属型铸造生产。

4.4.6　高性价比铸球（段）发展趋势

1. 耐磨材料的选择

根据不同的使用条件生产不同成分不同规格的高铬、中铬、低铬、多元铸球（段），CADI 铸球（段）。

2. 铸球（段）生产方法的选择

采用金属型生产铸球质量好，从发展趋势看采用金属型生产线是大批量生产的必由之路。

3. 热处理工艺的选择

采用先进的连续热处理炉油淬或喷雾风淬、液态介质淬，采用连续热处理炉回火，等温度淬火炉等才能充分保证铸球的质量。

4. 科学的质量保证体系，优良的铸球生产设备，完善的理化检测手段

严格按照铸球的国家、企业标准生产优质铸球，才是高性价比的铸球。

4.4.7　主要生产厂家举例

宁国市耐磨材料总厂；

宁国开源耐磨材料有限公司；

江西德兴铜矿机械制造公司；

宁国东方碾磨材料有限公司；

宁国诚信耐磨材料有限公司；

中建材新马耐磨材料有限公司；

宁国耐磨配件有限公司；

马鞍山海峰耐磨材料有限公司；

马鞍山益丰耐磨材料有限公司；

鞍山矿山耐磨材料有限公司（磨段，磨球）；

湖南红宇耐磨新材料股份有限公司；

宁国南洋球铁有限公司；

鞍山东泰耐磨材料有限公司；

马鞍山东洋铁球有限公司。

4.5 圆锥破衬板

4.5.1 概述

圆锥破衬板俗称破碎壁和轧臼壁（动锥和定锥）（图 4-92），广泛运用在各种圆锥式破碎机上（图 4-93）。由于其工作条件比较恶劣，它是设备磨损损坏的主要零部件。圆锥破碎机广泛用于矿山、冶金、建筑、建材等领域。

图 4-92　高锰钢圆锥体圆锥破照片

圆锥破碎机在工作过程中，通过电动机和传动装置（水平轴和一对伞齿轮带动偏心套）旋转，动锥在偏心轴套的运动下旋转和摆动，动锥靠近定锥的区段即成为破碎腔，物料受到动锥和定锥的多次挤压和撞击而破碎。动锥离开该区段时，该处已破碎至要求粒度的物料在自身重力作用下下落，从锥底排出。待破碎物料可从圆锥破碎机的进料口装入。圆锥破碎机的动锥和定锥大多用高锰钢材料铸造和加工制成，通称为高锰钢圆锥体，高锰钢圆锥体在破碎机的配件中具有举

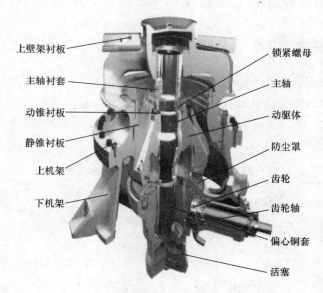

图 4-93　圆锥破碎机和其剖面图

足轻重的地位。动锥和定锥在铸造和机械的加工中质量的好坏，会直接影响到整台破碎机对破碎物料的产量、颗粒度、均匀度。因此，制作高品质的高锰钢圆锥体和选择一家可以信赖的的制造商对水泥和矿山等用户来说有着非常重要的意义。

4.5.2 行业概况和市场分析

  国内外生产破碎机的企业有上百家之多，其中美卓矿机和山特维克矿机是世界一流大品牌。随着国民经济的迅速发展，破碎机被各行业运用越来越多，国内兴起建立与之配套的高锰钢铸造企业发展也很快，主要分布山西、东北、湖南、福建、浙江、江西，其中，浙江又以金华周边地区为高锰钢生产基地。在全国两百多家大中小生产高锰钢的铸造厂家中，真正能为一些名牌企业圆锥式破碎机配套的高锰钢圆锥体厂家并不多，而为国内高端客户和出口配套的破碎机上的高锰钢圆锥体厂家更是屈指可数。市场缺乏为圆锥式破碎机配套的高质量的高锰钢圆锥体，需求量巨大。

  美卓矿机与建筑是集料和矿机的加工领先供应商，业务遍及全球100多个地区和国家。美卓矿机生产的磨损件高锰钢圆锥体是由美卓矿机自行设计，按照最严格的技术标准，采取了高品质的材料铸造，使用寿命较长，可最大限度地降低更换停机时间。

  美卓矿机圆锥式破碎机的型号为：

  美卓（诺德伯格）HP 系列：HP100、HP200、HP300、HP400、HP500、HP700、HP800；

  美卓（诺德伯格）GP 系列：GP100、GP200、GP11、GP300、GP500、GP100S、GP200S、GP300S、GP500S。

4.5.3 高锰钢圆锥体的毛坯铸造

4.5.3.1 高锰钢的化学成分

  表 4-35 为我国关于高锰钢的新的国家标准中对高锰钢的成分和性能的具体规定（GB/T 5680—2010）。

表 4-35 奥氏体锰钢铸件的牌号及化学成分

牌号	化学成分（质量分数/%）								
	C	Si	Mn	P	S	Cr	Mo	Ni	W
ZG120Mn7Mo1	1.05~1.35	0.3~0.9	6.0-8.0	<0.06	<0.04	—	0.9~1.2	—	—
ZG110Mn13Mo1	0.75~1.35	0.3~0.9	11.0~14.0	<0.06	<0.04	—	0.9~1.2	—	—
ZG100Mn13	0.90~1.05	0.3~0.9	11.0~14.0	<0.06	<0.04	—	—	—	—
ZG120Mn13	1.05~1.35	0.3~0.9	11.0~14.0	<0.06	<0.04	—	—	—	—
ZG120Mn13Cr2	1.05~1.35	0.3~0.9	11.0~14.0	<0.06	<0.04	1.5~2.5	—	—	—

牌号	化学成分（质量分数/%）								
	C	Si	Mn	P	S	Cr	Mo	Ni	W
ZG120Mn13W1	1.05~1.35	0.3~0.9	11.0~14.0	<0.06	<0.04	—	—	—	0.9~1.2
ZG120Mn13Ni3	1.05~1.35	0.3~0.9	11.0~14.0	<0.06	<0.04	—	—	3.0~4.0	—
ZG90Mn14Mo1	0.70~1.00	0.3~0.9	13.0~15.0	<0.07	<0.04	—	1.0~1.8	—	—
ZG120Mn17	1.05~1.35	0.3~0.9	16.0~19.0	<0.06	<0.04	—	—	—	—
ZG120Mn17Cr2	1.05~1.35	0.3~0.9	16.0~19.0	<0.06	<0.04	1.5~2.5	—	—	—

注：允许加入微量 V，Ti，Nb，B 和 RE 等元素。

但实际上，许多破碎机制造商对高锰钢圆锥体规定的成分标准会有较大的差别，以 Mn18Cr2 为例：

企业 1：

表 4-36　化学成分（质量分数/%）

C	Mn	Si	P	S	Cr
1.15~1.25	17.0~19.0	0.40~0.60	≤0.055	0.050	1.50~2.05

企业 2：

表 4-37　化学成分（质量分数/%）

C	Mn	Si	P	S	Cr
1.15~1.35	17.0~18.5	0.40~0.90	0.055	—	1.75~2.50

4.5.3.2　高锰钢的成本核算

高锰钢生产成本计算为：材料费＋电费＋工时费＋设备折旧费＋废次品损失，其中材料费为：合金锰铁＋废钢＋耐火材料＋冒口和涂料＋辅料。

（1）合金：合金来源主要由锰铁构成。每吨 Mn18Cr2 中净含锰为 180kg 左右，折合成 65% 号锰铁 240kg 加上合金在生产中的烧损，实际折合 250kg 左右。目前优质锰铁的价格为 8.5 元/kg，此项成本费用为 2100 元/t 左右；优质废钢 800~900kg，市场价格为 3000 元/t，此项废钢成本费用为 2700 元；铬为 20kg，市场价为 10 元/kg，此项费用为 200 元/t，加上辅料及耐火材料等费用，每吨 Mn18Cr2 材料成本在正常的商业条件下约为 5000 元左右。

（2）电费成本：一般中频炉每吨电费成本在 600°，相当于 600 元。

（3）热处理：煤气发生炉成本大约在 500～600 元/t，电热处理炉每吨成本 700 元。

（4）发热冒口平均 400 元/t。

（5）涂料：按每吨刷涂 5 次，每 2mm 成本为 20 元。

（6）人工费用：整个铸造过程全体人工最低工资费用大约为 600～700 元/t。

根据各厂的设备情况折旧不同，每吨折旧费大约在 300～500 元之间，加之营销、财务、税金、运输等费用，每吨锰钢 Mn18Cr2 的成本在 1 万元左右。

目前以 8000～9000 元/t 销售高锰钢毛坯件的企业。生产条件极为简单，有的企业甚至只用废旧的衬板与锤头将废钢回炉，不化验也不做金相，更不做机械性能测试，控制质量水平很差。

4.5.3.3 高锰钢圆锥体铸件的质量控制

1. 熔炼的工艺流程

选好备料，尤其是高锰钢中的锰铁极为重要，其含磷量高低是影响高锰钢性能重要的因素，必要的时候可以加入少量的电解锰来保证。废钢的质量也是很重要的，要选好整块的边角料。在这些条件下，绝大部分企业使用中频电炉冶炼高锰钢也是可以的。

（1）高锰钢在熔炼时配料要掌控百分比，以锰 18 每吨为例：锰 18%，铬铁 2%，其余为碳钢。

（2）熔炼时先加废钢的 20%，再加入锰钢的 20%，再加入 2% 的铬铁 → 当加入废钢或碳钢的 60% 时，要加入锰钢的 80% 直至加料完成。

（3）炉前取样：当钢水温度显示至 1450℃时在炉前取样，检验其化学成分，出炉前要取样，确认化学成分。

（4）出钢水与入包：温度显示至 1480℃时，可以出炉但必须在 2～3min 内入包浇铸，以保正适当的温度。

炉工在熔炼时要密切注意炉温的变化、熔炼的过程。随着温度的上升会不断的损耗炉壁，所以投放的过程就是控温的过程，要尽量掌控在 1400℃左右，不能太高，否则会严重损害炉壁。熔炼的过程是添加不同合金成分的过程，所以投放时间、温度控制、成分确认调整环环相扣，直至入包浇铸才能保证产品合格。

2. 铸造工艺

有了优质的钢水必须有良好的铸造工艺，无论是浇铸、温度、补缩、造型面砂、冒口位置、冒口直径大小、冒口的切割、涂料的配制、开箱的时间、清砂等，都应该有良好的工艺控制，才能生产出良好的高锰钢毛坯件。

（1）铸造收缩率

锰钢的特点是凝固收缩大，散热性差，因此，在工艺设计中铸造收缩率取

2.5%～2.8%。铸件越大，应取上限。型砂与砂芯的退让性一定要好。浇注系统采取开放式。多个分散的内浇道从铸件的薄壁处引入，且成扁而宽的喇叭状，靠近铸件处的截面积大于与横浇道相联的截面积，使金属液快速平稳地注入铸型，防止整个铸型内的温差过大。冒口直径要根据铸件大小确定，必须采用发热冒口，让充足的高温金属液来补缩铸件在凝固收缩时之空位。直浇道、冒口应设计在高处（砂箱有 5°～8°的斜度）。浇注时尽可能快浇。一旦凝固，要及时松砂箱。铸件在型内要长时间保温，直到低于 200℃ 再打箱。

（2）浇注工艺流程

① 浇包预热：温度控制在 900℃ 左右，达到里外通红，为了升温快可加用柴油喷枪等辅助措施；

② 严格遵循浇注要领，浇注过程不能断续，不能停止，做到三准：对口要准；时间掌控要准；温度控制要准。

注意点：

③ 当浇注进行至 1/3～2/3 时，冒口会慢慢收缩，但浇注不能停顿要持续进行；

④ 发热剂的覆盖：当浇注完成时要覆上发热剂，以保持冒口的温度；

⑤ 浇注时间以 1t 钢水为例。浇注时间要在 90s 内完成；

⑥ 浇注温度要保持在 1410℃ 以上，最高至 1450℃。由于一年四季自然温差很大，这需要在应用测温仪时严格掌控温度变化、浇包和造型工件的距离等。这也影响到钢水温度的变化。另外，由于不同熟练程度的工人和经验的原因，也会影响以上三准工艺的执行。

（3）造型工艺流程

首先将要造型的木模模具放正，把所需要的泥芯放准，冒口对准砂箱盖好，上下对齐对准安放好浇铸管道。

注意点：

根据不同工件要求要冒口位置放正确；

冒口根部一定要把砂子捣紧，不能松懈，覆盖要紧，否则工件表面容易引起粘砂；

冒口大小、高低与工件吨位大小有关，也与工件壁厚度有关；

冒口数量与工件直径、大小、壁厚薄直接有关；

高锰钢的造型涂层一般的稀释程度为 70 度左右。以 1t 工件为例，涂料以刷四遍为宜，每次涂刷都要用手感摸，以 20 度左右一次为宜；

合箱（又称配箱）；

两箱表面不仅要平整而且要用细砂纸打磨使之平整、光滑。

注意：

打磨后要用手反复试平；

两箱位置要对准，不能移位；

两箱之间一定要用螺栓螺帽收紧，不能松懈；

配箱之前型内必须把残砂、落砂吹干净。

轧臼壁和破碎壁一般都选用高锰钢材质，ZGMn13Cr2、ZGMn18Cr2，金相组织要求全部是奥氏体组织。稳定的奥氏体高锰钢组织中锰的含量必须在10%以上才能获得较高的韧性和延伸率，碳和锰的比例必须维持在1：10以上，硫和磷应小于0.05%，硅小于0.90%。

如何进行正确的工艺设计，建立合理的温度场是保证获得优质铸件的重要因素。轧臼壁铸件的充型凝固质量与液态金属的流动、浇注温度、铸型的温度以及冒口位置的设置及材质有密切关系。浇注过程中要保证液面上升平稳，避免缩孔、卷气和夹渣等缺陷的产生，铸件顶部必须设置出气口，冒口尽量选用明冒口，冒口材质最好选用好的发热材料制成。

对于轧臼壁和破碎壁，一般采用砂型铸造生产。原砂为硅砂或橄榄石砂。对于高锰钢铸件，面砂采用橄榄石砂可能更容易保证表面的光洁度。粘结材料一般选用树脂（包括无氮呋喃树脂和酚醛树脂）和水玻璃，对于橄榄石砂由于容易粉碎以水玻璃粘结剂为主。

通常认为，高锰钢有较宽的凝固温度范围，介于体积凝固方式（或称糊状凝固方式）和逐层凝固之间。高锰钢的热传导系数和热容量都比普碳钢性能差，由于在砂型铸造时有较大的温度梯度，加上高锰钢结晶潜热更低，所以高锰钢的凝固温度范围虽然比普通碳钢宽，但是冷却速度非常快，达到 40～45℃/min。实际生产中，在浇注结束后，需要马上用额外的金属液进行补浇或补充冒口，这

是由于铸件和冒口的快速收缩使金属液很快从冒口中下降，高锰钢具有很大的体积收缩，主要是由于高锰钢的冷却速度非常快造成的。当向外的热散失快时，高锰钢的凝固特性是从表面向心部的柱状生长，而且柱状晶相当大，粗大的柱状晶限制了同质等轴晶的生长，更接近显著的糊状凝固（图4-94）。考虑到铸件晶体大小对耐磨程度的影响，高锰钢晶粒尺寸要求均匀分布并且越小越好，为此需要保持较低的浇注温度。一般浇注温度应控制在1400～1430℃之间。

① 发热冒口的设计和应用

一般情况下，由于冒口位于铸件上部，

图4-94　高锰钢破碎壁的断口照片

而浇注为了平稳，一般采用底注方式。这样，进入冒口的钢水温度较低，常规的砂型冒口或纸浆保温冒口中的钢水有时候比铸件更早进入凝固阶段。在冒口顶部凝固后会形成一个凹壳（图4-95），在冒口液态收缩时形成空腔，无法传递大气压力下去。所以，采用砂型冒口或纸浆保温冒口对铸件的补缩效果不好，很难保证高锰钢产品的内在质量。而发热冒口配合发热覆盖剂在钢水进入冒口后会进行以下放热反应：

图 4-95 高锰钢破碎壁冒口收缩后的凹壳

$$2Al + Fe_2O_3 = Al_2O_3 + 2Fe + 208 \times 4184J$$

冒口套和覆盖剂对冒口内的钢水进行加热处理，使冒口内的钢水比铸件本体钢水温度更高，因而延长了冒口凝固时间，更符合顺序凝固原理，也保证冒口有足够的压力将液体顺利补充到铸件中去。好的覆盖剂要求能很好地保持热量不散失且不能有任何吸热，并且要有很好的流动性，不能结壳，能很好地把大气压力传递下去而不用专门捅冒口，最后冒口顶部呈现平锅底形状，这样在相同体积下冒口高度更小，也就说明用发热冒口可以从高度方向上降低冒口的钢液量。

发热冒口的采购要选可靠的厂家，建议选用性能稳定质量可靠的发热冒口厂家，比如福士科或中福铸造材料有限公司产品。

从铸件结构来看，轧臼壁和破碎壁属于两头薄、中间厚的结构（图4-96）。一般有大端向上和小端向上两种截然不同的方案。根据放置的位置，又有将冒口放在圈内和放在圈外两种方式。各种方案各有利弊，具体要结合轧臼壁和破碎壁的工况以及铸造砂箱大小进行选择工艺方案。建议采用图中的工艺方案，从铸件最后处引入冒口。由于冒口根部本身晶体一般粗大以及周边铸造缺陷多的原因，一般在工作面不要放置冒口。

② 出气孔

由于圆锥破尺寸比较大，同一浇注速度充满的体积相同的情况下，液面上升高度不同，特别是在上端，截面变小，气体排出的量比较大，所以在造型时必须注意铸型的排气，否则容易造成浇注过程气孔缺陷。而出气孔截面最好是长方形如图 4-97 中的形状，这样便于去除，也不容易在出气棒底部形成缩松或缩孔。

③ 浇注系统

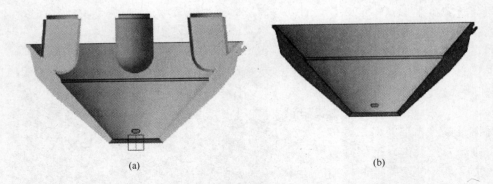

(a)   (b)

图 4-96　高锰钢破碎壁铸件及成品的示意图（上大下小结构）

(a) 铸件；(b) 成品

(a)   (b)

图 4-97　高锰钢破碎壁铸件出气口照片及切割冒口后成品

(a) 出气口；(b) 成品

高锰钢本身是脆性材料，浇注系统必须避免收缩时形成的阻力，所以横浇道要弯曲一些，以减少收缩应力（图 4-98）。

④ 涂料

涂料选用镁砂粉涂料。涂覆方式有刷涂、流涂和喷涂，涂层厚度一般 1mm 左右就可以满足使用要求。刷涂一般 3 次左右。表 4-38 为各种施涂方式的情况对比，铸造厂家可以依据自己的实际情况选用不同的涂覆工艺。刷涂和流涂表面情况可参看图 4-99 和图 4-100。

图 4-98 高锰钢破碎壁铸件的浇注系统（上小下大结构）

表 4-38 各种施涂方式的情况对比

	刷涂	喷涂	流涂
可操作性	简单	需经验	简单
专用设备投资	无	10000 元	50000 元
维修	无	高	低
配套设施	无	无	行车
场地	无	1m²	2～10m²
可靠性	低	低	高
涂层表面	粗糙	粗糙	光滑
限制	孔洞	孔洞	无
	复杂型腔	复杂型腔	—
效率	1～2m²/min	2～4m²/min	4～6m²/min
对涂料要求	低	高	高

177

涂料的组成

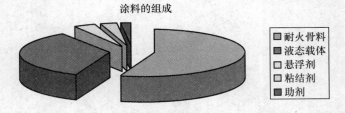

图 4-99　涂料的组成分配比例

图 4-100　涂料在树脂砂造型生产线上流涂操作

采用适用的涂料和涂覆方法可以减少铸件的清理工作量，使铸件清理成本降低 10％左右，同时，它可以大大改善铸件表面质量，提高铸件档次，从而提高铸件价格，使经济效益更为明显。

A. 好涂料的判定标准：

悬浮稳定性；

无沉淀，易于稀释和分散；

不变质（保质期）。

B. 涂料的性能要求：

a. 在涂覆过程中：

提笔饱满，无滴落；

容易控制厚度，无堆积；

手感滑爽，无粘笔、涩的感觉；

涂层表面光滑平整，无刷痕。

b. 在点燃与干燥过程中：

点燃容易；

无有害气体或烟雾散发；

无溶剂残留（完全干燥）；

无起泡和开裂；

适当的常温强度。

c. 铸件浇铸后：

无粘砂；

形成烧结壳且自动剥落；

表面光洁度高；

无夹灰、气孔等缺陷；

无脉纹等缺陷，减少清理工作量。

3. 热处理

高锰钢圆锥破的热处理也叫水韧处理，一般厂家采用煤气发生炉，由于许多厂家没有直立式吊车机，无法保证下水温度和时间；也有些厂家使用翻车式下水。由于圆锥破在下水时容易变形，要求水池容量要够大，在水池里要装上搅拌机和冷却系统，保持一定的水温。

热处理的工艺流程：

（1）炉内初始温度必须低于 200℃；

（2）在温度升到 650℃ 之前，每小时升温不可大于 70～80℃；

（3）在 625～650℃ 之间的温度范围，时间不得少于 1.5h；从 650～1080℃ 要越快越好；

（4）1100℃ 保温时间必须保持在每 25mm 1h＋1h（根据铸件最后部分尺寸）；

（5）炉内深度每 2.5m 至少放 3 个电热耦，电热耦必须放在侧壁的炉顶上；

（6）每个炉子至少 3～6 个热电耦连接到记录器上；

（7）从开炉门到工件完全入水时间不得超过 45s；

（8）主电耦每个月必须核验一次，记录必须保留，并可追溯；

（9）淬火池的温度在任何时候都不可高于 40℃；

（10）淬火时，池水必须充分搅拌和流动；

（11）铸件至少应在水池里放 1h 左右，水应该保持循环流动。

图 4-101 为利用直立式吊车机将高锰钢圆锥破碎壁水韧处理的过程。

保温温度为 1100℃，保温时间按铸件最小尺寸每 25mm 保温 1h 基础上再增加 1h。

图 4-101　高锰钢圆锥破碎壁水韧处理过程
（a）出炉；（b）快速吊至水槽；（c）入水；（d）搅拌摇动

4. 铸件毛坯的检验和修复

圆锥破铸件毛胚检验是保证工件质量的一个重要的环节。毛胚检验能够让我们及时发现铸造缺陷，探讨各种缺陷的形成原因，从而改进工艺，提高产品的质量。

（1）检测内容

金相检验：金相组织是反映圆锥破材料金相的组织形态。通过金相检验来判断铸件的材料和热处理质量，可用金相显微镜来检查金相组织、碳化物、夹杂物以及晶粒度等。

（2）检测方法

①制样。

先用粗砂纸（180目）粗磨，再用600目的砂纸细磨，最后用1000目的砂纸精细磨光，磨完后用绒布抛光，达到镜面效果。

②腐蚀。

碳钢、低合金钢用 4%（体积比）硝酸酒精腐蚀 15～20s，高合金钢、不锈钢用王水酒精腐蚀 1～4min。

③尺寸检验。

查看工件的尺寸是否与图纸相符，加工处是否有加工余量，工件有没有变形等。

④目测铸件的表面质量。

按照不同类型的铸件要求，认真检查铸件的气孔、砂眼、粘砂、表面粗糙度、气割、碳刨、电焊、打磨等是否达到质量要求。

5. 圆锥破铸件的缺陷分析与修复

高锰钢圆锥破碎机的铸件的原材料、模具设计、熔炼浇铸、造型以及热处理工艺都决定了它的产品质量和成品率。

①原料中磷含量高容易产生裂纹；

②一般的铸件碳含量为 1.2% 左右，碳高于 1.2%，其奥氏体晶界粗糙，由于碳的析出，容易产生裂纹；

③模具设计中，浇注口的大小亦决定了其成品率和成本的高低，铸件的缺陷大部分处于上方的浇注口与下方的圆边处；

④铸件缺陷的修复：

目前大都采用专业电焊条来进行修复。过去采用大线径的焊条，其熔深深、热量大，氢含量高，焊条中缺乏添加剂，无法稳定低熔点的磷，故用焊条修复后的铸件合格率不高。近些年来，采用帝宝公司研发的小口径焊丝（ϕ1.2mm 和 ϕ1.6mm），为自保护焊丝，其焊剂系统为偏碱性，故焊后氢含量低，熔渣覆盖率完整，剥渣性好，焊条内加入的添加剂可以稳定低熔点的磷，熔后熔敷金属的颜色与铸件相当。用此焊丝修复后的铸件，经精加工探伤后合格率高于 90% 以上。

这种焊接材料（DB-110）的化学成分见表 4-39，金相组织为全奥氏体锰钢，特性为偏碱性自保护焊丝，其用途为专门修复高锰钢破碎机，焊后颜色与原铸件相当。抗拉强度为 844 MPa，焊后硬度 HRc 20～22，加工硬化后硬度可达 HRc 48～52。表 4-40 为另一种焊条（DB-120）的化学成分，特性为偏碱性自保护焊丝，专为异种钢的焊接而设计，一般作为过渡层，金相组织为全奥氏体锰钢。在高锰钢破碎机修复中，打磨后颜色较亮，接近不锈钢颜色。抗拉强度为 834MPa，焊后硬度 HRc20～22，加工硬化后硬度至 HRc46～50。表 4-41 为修复焊接的焊接参数。以上修复工艺已在美卓（衢州）分公司、中恒工况有限公司和衢州巨鑫机械有限公司有成功案例。

表 4-39　DB-110 焊条的化学成分

元素	C	Mn	Si	Cr	Ni	Cu	Mo	Fe
Wt（%）	0.8	15	—	4	—	—	—	余

表 4-40 DB-120 焊条的化学成分

元素	C	Mn	Si	Cr	Ni	Cu	Mo	Fe
Wt（%）	0.3	15	0.3	15	—	—	—	余

表 4-41 修复焊接的焊接参数

牌号	线径	电压	电流	焊接方式
DB-110	1.6mm	22～28V	150～250A	手工焊
DB-120	1.6mm	22～28V	150～250A	手工焊

6. 高锰钢圆锥体切削加工

高锰钢由于它的特性和加工困难等多种因素，以前被认为是不可以加工的。例如，高锰钢圆锥体在受到切削后表面会发生硬化，耐磨性会越来越好，切削难度同时也增大，刀具磨损也会越来越大，甚至会整片断裂。

（1）加工高锰钢圆锥体的几个要素

①刀具

刀具的选择在加工高锰钢圆锥体中，居重要地位。高锰钢圆锥体的硬度是影响刀具切削的主要因素。现今切削高锰钢圆锥体的刀具为四川自贡硬质合金有限公司生产的，合金牌号为 YW1、YW2、T798，专用切削高锰钢圆锥体的刀具，随着科学技术的发展，立方氮化硼、复合陶瓷刀片、图层刀片，也已经广泛用在加工车削高锰钢圆锥体上。目前，使用氮化硼刀具的人较多，但其切削方法也是很重要的。

加工一个高锰钢圆锥体首先决定于圆锥体毛坯的质量。如气孔少，冒口位置平整等。如果高锰钢圆锥体毛坯有焊补、表面有高低不平或有气孔粘砂、冒口位置有大量堆焊的情形，就是再好的刀具也会发生断裂。采用牌号为 W1 的刀片，添加合金丹泥。在焊接刀片后不进行保温，直接等其温度降到十几度时，切削圆锥体效果最佳。

②切削高锰钢的工作条件

对高锰钢圆锥体切削加工应该有一个好的工作条件和机械装备。首先要考虑机床主轴的承受能力，了解机床主轴的参数、切削速度和给进量。切削条件将决定刀具的使用状况、工件的表面质量、刀具与工件的硬度、冷却条件和机床动力。一般是工件越硬，切削速度应越低。为了达到最佳加工状态可以按具体情况改变一些切削参数和条件。

③磨刀

刀具在使用过程中必然会导致刃口磨钝，磨钝会一直伴随刀具的所有使用时间，直到刀具失去使用价值。当刀具具有锋利的刃口时，金属切除率最大；机床耗能最小；切削热产生最小；能切出理想的工件表面质量。当刀具磨钝，会使切削不再轻快，刀具表面质量变差，最终影响工件表面质量及尺寸的稳定性。磨损一般会发生在刀具的第一后刀面上，这时会降低工件表面质量，缩短切削长度，增加刀具的震动和噪声。当后刀面磨损到规定的程度后要重新磨刀，出现质量异常后也要重新磨刀。

④刀具故障及检测

当出现异常噪声或尖锐噪声时应检查工件可能产生的问题。这时要检查进给速度、切削速度、刀具是否安装偏斜、刀具几何参数和主轴转动状况等。另外，如发现表面粗糙度过大时，要检查刀具磨损状况、切削速度和进给速度。当加工产生误差等问题，要检查刀具磨钝的情况，减少刀具吃刀面积、倾斜面等问题。当刀具过快破损，要检查进给速度和切削速度，检查刀具材料确保刀具适用于加工高锰钢圆锥体。

⑤积屑、瘤问题

如加工过程中发现积屑、瘤问题，应检查刀具热量是否太热，排屑不畅等。

⑥冷却

在加工高锰钢圆锥体过程中，采用一般性的大型立式车床加工高锰钢圆锥体，由于安装不方便或回收液体不方便，很难在切削过程中使用冷却液来冷却。一般只能用干式切削。但高锰钢的散热性较差，可以通过空压机加冷却系统，利用压缩空气来进行冷却。如果刀把温度在200℃以上，可通过空气冷却系统，使冷却后的刀把的温度降低到15℃以下。

下面举一个实例来描述切削高锰钢圆锥体（型号为：No. 18896200）的加工成本和工艺流程（图4-101～图4-104）。

一个直径为1160mm的圆锥，高度为900mm，重量为960 kg。需要加工成为：外斜面宽度为175mm，内斜面为715mm。用一台2.5m立式双柱车床加工

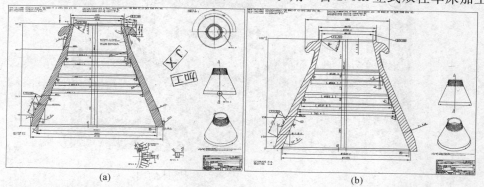

图 4-102　高锰钢圆锥破碎壁（型号 No. 1889200）铸件毛坯图和加工尺寸图
(a) 铸件毛坯图；(b) 铸件加工尺寸图

该圆锥体。切削速度为：$v=20\sim25\text{mm/min}$，每转走刀 $f=0.30\text{mm}$，吃刀量为：$ap=6\sim8\text{mm}$，需要 12h 完成机械加工。这种圆锥体机加工中，工作面不允许有台阶，不能焊补，加工 12h，合计电费 600 元左右，刀具消耗 40 元左右，人工费 250 元，加上打磨、油漆和包装等辅助材料 200 元左右，不计算机床折旧费，机械加工费共计人民币 1090 元/件。

图 4-103　高锰钢圆锥破碎壁（型号 No. 1889200）实物图

图 4-104　用 2.5m 立车加工高锰钢圆锥体的实际照片

加工工艺流程：

A. 首先检验圆锥体毛坯的质量是否合格；

B. 装上 2.5m 立式车床进行校平和校圆。

校平时把水平尺放在圆锥体大口平面上，用直钢尺测量其高度是否一致，四点要对准。

校圆时可借用刀架，用划针在圆锥体外斜面破碎物料面（工作面）找基准，四点对准，找圆。如有问题必须到校正液压机上校正，校正到可以加工为止。

A. 先进行内斜面的加工。按以上图纸先加工大口平面，加工到图纸尺寸；

B. 再加工其内斜面 36.8°位置，留余量 1～2mm，再切削 22°，留余量直径 1～2mm；

C. 继续切削外斜面 24°半，留余量 1mm，控制厚度 72mm，然后切削到图纸的厚度安装尺寸；

D. 精车削，内斜面到图纸要求尺寸；

E. 将圆锥体翻身，小口朝上，按 24°用百分表校圆加工小口平面，按图纸要求将高度控制在 900mm。再加工小口内斜面 35°，直径 456mm，按图纸要求切削。

车削加工刀具时主要角度的选择：

A. 粗车，后角应为 3°～6°，刃倾角应为 -2°～-6°；

B. 精车，后角应为 7°～10°，刃倾角应为 -2°～+3°。

以上为参考角度，加工时还要根据不同的外圆作相应调整。

5 耐磨备件的采购、销售系统和模式

5.1 传统采购系统和模式的弊病与损害

20 世纪 60 年代初期，耐磨备件产品的传统销售模式是企业的销售人员带着企业样本资料走遍全中国的各个角落，走访所有的水泥、矿山和火电行业用户，通过游说和宣传来推销本企业的产品。这种销售模式在当时的确起到了不可磨灭的作用和效果。企业为了更好地创造销售量和销售利润，鼓励销售人员采用各种方式和手段进行销售并按相当高的提成比例进行奖励。销售人员对用户除了各种产品宣传之外，很重要的一个手段是给予用户特别是直接经手采购的供应部门的领导和科长等相关人员一定比例的回扣和报酬，这里还没有计算进入门槛的入门费和请客送礼等费。这些传统销售模式给耐磨备件的水泥装备用户和生产企业带来许多不良后果，也严重滋长了贪污腐化和不负责任的不良风气。主要的交易弊端是：交易模式传统、价格不透明、货款无法及时收付、交易地位不平等、买卖双方交易黑幕等等。

近些年来，由于水泥装备用户的管理水平有了很大改进，企业对生产成本和生产效率的要求愈来愈高，对耐磨产品的需求和考核也愈来愈严格，因此，传统销售模式已经不能满足采购和供应双方的需求，加上现代化信息和网络技术的日益完善和发展，传统销售模式受到很大的冲击。应该说，新的耐磨备件的采购和销售模式将会大大提高采购和供应的质量和效率，减少传统销售模式的弊病和危害，对水泥装备使用用户和耐磨产品的供应商都会带来良好的效果和利益。当然新的销售和供应模式需要供需双方共同努力，也需要具备相当的技术含量和功能，对于水泥装备的用户和供应商的具体经营人员都需要有个适应和融合的过程，但是这个过程应该不会太长和太久了。

目前，我国一些大型企业特别是国营企业供应和采购耐磨备件的模式基本上采用的是投标和招标的营销模式，这种模式应该说比传统的交易模式有了很大的进步，在一定程度上也避免了腐败和黑色交易的弊病，但是，现今的投标和招标模式依然存在着许多不完善之处，主要表现在：形式主义、中标不透明、过程繁琐等。随着网络营销和电子商务的日益完善，不久将来，新型的营销模式将会逐步补充、完善和代替一些传统的销售模式并给企业和供应单位带来巨大的效益。

5.2　网络营销和电子商务

　　企业为了获取竞争优势除了差异化竞争就是低成本竞争，耐磨材料企业有其独特的优势进行低成本营销。网络营销与传统营销相比有着天然的低成本优势。所谓"21世纪，要么电子商务，要么无商可务"。这是××在十多年前的预言，现在正逐渐成为现实。与此同时，国内著名的互联网人物××在3年前也发表言论说，企业不做电子商务将来一定会后悔。不论是世界首富还是××公司的××，都曾预测了电子商务的重要性，而作为企业来讲，电子商务的核心就是网络营销。

5.2.1　耐磨材料企业网络营销的优势

　　近些年来，互联网的高速发展和网络建设的逐步完善对人们的生活和思维方式产生了重大的影响。电子商务和网络营销已成为一般商品的主要营销手段。图5-1为近5年来网民数、互联网普及率及增长率的变化图[28]。由于耐磨材料是主机设备的快速消费品，有连续不断的消费趋势，并且产品价格没有主机设备高，适合网络销售；从市场来说，产品目标市场分布比较散乱，传统的信息覆盖不全；从客户来说，客户购买产品之前，需要到网络进行咨询、对比后才考虑购买；从营销渠道来说，传统的营销渠道已经不能满足客户多样化的需求，只有网络渠道才能完美地解决客户在线咨询、沟通的需求，解决客户的多样化需求。

图 5-1　近 5 年来网民数、互联网普及率及增长率的变化[29]

5.2.2　耐磨材料企业怎样做好网络营销

　　耐磨材料企业要做好网络营销应有两个渠道：一是企业自己建立电子网络营销平台和商务队伍；二是选择合适的电子商务服务商。耐磨材料企业做好网络营销，首先需要公司高层领导的重视和大力支持，同时还要有专业的电子商务人才队伍，清晰的电子商务发展战略。同时，企业对自己销售的产品要有明确的产品定位、恰当的产品宣传，精准的目标客户分析和与时俱进的管理体制。其次，做

187

好网络营销还要选择合适的网络营销服务商。应该选择国内外信誉和影响力较大的网络服务商，并且进行长期、有效的合作。

在国内，中国××备件网和郑州××机械××公司的电子商务中心在这方面已经有许多成功的经验，通过网络营销的营业额已达数十和数百亿元。通过多年的电子商务运营与发展，积累了多年的机械重工产品及相关零部件的推广经验，为水泥和冶金矿山行业以及国内外的重要客户提供了较完整的电子商务解决方案。

5.3 网络营销带给耐磨材料企业的好处

网络营销带给企业的第一个好处是提升了其销售能力，尤其是国外销售渠道的开拓，能够大幅度降低营销成本，不断地提升企业形象，探知客户需求，并且在不断的营销中提高决策能力。21 世纪是一个电子商务的时代，电子商务已经在过去的几年里显示了巨大的威力，作为企业应用电子商务的核心——网络营销，也将在未来的耐磨材料企业发展中越来越重要。

图 5-2　中国××备件网的会员格局分布[30]

水泥设备企业　67%
水泥企业　29%
咨询公司、设计院　4%

中国××网依靠行业优势，已经拥有十几万会员。中国××备品备件网为水泥生产企业提供的服务包括：供应丰富的信息资源、透明化的价格、区域库存联盟、提供"信用额度"计划和"先行赔付"计划，提供专家团队咨询服务和网络在线招标平台等。图 5-2 为中国××备件网会员的格局分布，图 5-3 为××备

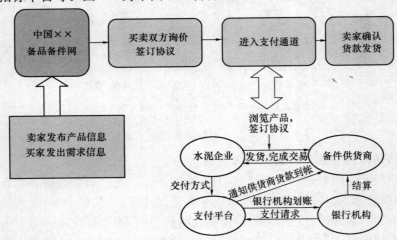

图 5-3　××备件网运行的新型耐磨备件的采购、销售系统和承包系统模式[30]

188

件网运行的新型耐磨备件的采购、销售系统和承包系统模式。图 5-4 为××备件网在网上公布的耐磨备件采购信息[30]。

图 5-4 ××备件网在网上公布的耐磨备件采购信息[30]

5.4 国际先进集团企业选择耐磨备件供应商的程序和模式

近些年来，随着我国制造加工业的飞速发展，我国机电产品的出口额有很大的增长，我国铸造业的铸件产量已连续多年占据世界第一，我国耐磨铸件的出口量也在大幅度增长。许多耐磨材料和备件的生产企业从事出口贸易时，特别是向一些发达国家集团企业用户出口耐磨铸件产品时，首先遇到的就是进入门槛的问题，也就是你能否经过各种考核，成为其电脑中注入的供应商名单的问题。如果不能进入这个门槛，最好的产品也无法销售和使用。进入这个门槛，需要经企业审核部门的各种考核。

一些国际集团企业在接受耐磨产品供应商申请之后需要调查和询问许多问题。需要制造商实事求是地填好这些表格，接受询问和审查。再通过这些集团在华的工作部门或者通过互联网直接递交这些复杂的表格以后，国际集团还会委派第三方来到生产企业进行适当考察和调查，并提供考察报告。调查资料包括：企业的基本状况、财务数据、生产设备、质量保证系统、人员定位等，国际集团有专门的审查部门来全面审查这些资料并给以打分。一般超过 75 分即可作为可选的供应商，但这还不等于人家就来买你的产品了。日后还需要经过实际产品的使用试验和价格、交货期等种种考核，特别是耐磨产品性价比的考核，才能真正成为较长期和稳定的客户，这种考核和磨合有时需要 2~3 年，但是一旦这种考核和选择完成了，今后在较长时间内，将会形成比较稳定的供销关系。由此可见，国际先进国家和集团企业在选择稳定的供应商之前的考核和审查是非常严格和苛刻的。因为对这些大型集团企业来说，选择一个能长期、稳定供应其耐磨备件的企业对其能维持正常的高额生产量和生产效益相当重要。它们需求的首要标准是质量信誉度高和良好性价比的产品，能满足长期、稳定地供应和优良的售后服务；其次，才是合理的、可以接受的价格。

除了对制造商的基本情况和条件的书面考核以外，这些企业对每种耐磨产品的考核也是非常严格的。它必须经过初试、中试和一定数量、一定周期的试验，通过收集充分的数据，再经过最终审查批准。有时候这种审查和考核是繁琐而漫长的。制造商需要耐心和细致的等待，但审查后最终的结果会是令人满意和兴奋的。举一个我国某企业准备进入澳大利亚某铁矿球磨机磨球市场的实例。首先，该公司的技术部门要提出一个试验计划建议书，其中要分析原用磨球的基本磨耗和成本以及准备采用试验磨球的价格和可能获得的经济效益，然后再详细地叙述需要试验几种磨球的数量、品种和程序以及所产生的各种费用、计划时间和效果。这样一份报告充分阐述了国外一些先进企业在选择供应商及其供应的耐磨材料和备件产品时，怎样从"性价比"角度来考虑和怎样具体操作的。

6 生产和供应水泥装备耐磨备件企业及供应模式的选择

6.1 目前生产和供应水泥装备耐磨备件企业的基本状况

目前生产和供应水泥装备耐磨备件企业及产品信息和实际运作的基本来源是半固定和随机流动的。尽管一些大型水泥和矿山企业非常需要有一批稳定的供应商和产品来满足其正常生产和运行的需求，但由于各种原因，目前还不能完全按照正常的渠道和模式来操作。同样，目前耐磨材料生产企业的生产规模相对于其用户来说，都属于中等或小型企业的水平，任何一家单独的耐磨材料企业产品的品种和数量都不能完全满足其大型客户对于耐磨材料备件的需求，这点对于国际大型集团来说，矛盾更加突出。例如，世界最大的智利考代科（codelco）铜矿每年要求供应的磨损备件量都达几十亿美元，目前只能依靠上海代办处联系和谈判，寻求中国长期的供应商。对于耐磨材料企业来说，今后解决这类问题的模式和方向只能是：

（1）耐磨材料企业的整合和行业的协调；

（2）扩大生产规模和品种；

（3）提高产品质量和控制水平；

（4）采用新技术和新装备，提高生产效率，降低成本，增强竞争力；

（5）改进传统的销售模式，加强网络信息和电子商务的营销能力；

（6）生产产品和营销模式与国际接轨。

要达到以上这些标准和要求，需要耐磨材料生产企业的经营者和企业家克服许多传统的理念，在经营体制和管理水平方面摆脱个体经济的小作坊运行模式，加强企业之间的合作和交流，在条件成熟时完成行业的整合和集体化。在这方面，耐磨材料的行业学会和协会对行业的整合和协调有着不可推卸的责任和义务，尽管任重道远，但为了国民和企业的长远利益，应该逐步创造条件，实现这个宏伟目标。这方面，水泥企业的整合和合并已经基本完成，并取得了明显的效果，对于水泥行业以及国民经济的发展起到了非常重要的促进作用。当前，应该可喜的看到，在众多的耐磨材料生产企业中，湖南红宇耐磨材料公司成为第一个耐磨行业的上市企业，可以相信，在不久的将来，将会有一批大、中型耐磨材料企业不断成为上市企业，这些企业将会依照上市企业的发展要求，快速领行，把整个耐磨材料行业引领到一个更高的水平。

6.2 评定优秀的生产和供应水泥装备耐磨备件企业的基本标准、途径和方法（动态选择模式）

近些年来，在国内耐磨材料行业领域，已经通过不同的渠道和模式，表彰了一些本行业的优秀企业和产品，一定程度上反映了它们的实际水准和状况。例如，中国铸造协会耐磨材料与铸件分会在 2012 年就整理出版和推荐了该领域中一些"中国耐磨铸件重点骨干企业"，并介绍了它们的产品和企业状况[31]，另外，在历届耐磨材料年会和展会上，以学会或协会的名义，都会以不同的形式表彰一些对行业有重大贡献的企业和人员。当然，在社会上，还会有其他模式和渠道给予不同的评价，国际国内也有一些专门的评估机构从事这方面的评估工作。最后，这些推荐都要以实际的水平和长期的考验以及用户的评价来证实。因此，对于这方面的评估和推荐，作为组织这方面的评估工作部门来说应该慎重和实事求是，最后由实际检验和用户自己来评定和判断。

根据中国铸造协会 2013 年 7 月 5 日（中铸协字［2013］67 号）关于开展《第二届中国铸造行业综合百强、分行业排头兵及专特精新优势中小企业评选活动》的通知要求，中国铸造协会经过对企业调研、专家评审、评分等程序，于 2014 年 4 月 28 日在铸协网站上正式公布，共评选出：中国铸造行业综合百强企业 100 家；中国铸造分行业排头兵企业：铸造生产企业 123 家；铸造原辅材料生产企业 26 家；铸造装备制造企业 22 家；中国铸造行业"专特精新"优势中小企业 25 家；总计 296 家企业入选。

其评价指标和评分方法见表 6-1。

表 6-1　中国铸协百强企业评价指标及评分方法

序号		项目	最高得分	评分依据	得分
1 (63.3%)	经营业绩 (950)	销售收入（万元）	600	200＋(销售收入－10000)/700	
		人均产值（万元/人·年）	150	人均产值×1.5	
		净利润率（%）	200	净利润率×1000	
2 (16.7%)	自主创新 (250)	专利	40	近 4 年内专利数量×5(指发明专利)	
		高新技术企业	30	国家级：30；省级：15	
		承担国家相关课题、标准及获奖情况	100	国家级重大项目及重点项目(20/项)；国家级课题、火炬项目、国家级行业标准(10/项)；省级(5/项)	

6 生产和供应水泥装备耐磨备件企业及供应模式的选择

续表

序号	项目		最高得分	评分依据	得分
2 (16.7%)	自主创新 (250)	技术中心	50	国家级(50) 省级（30） 地市县级(10)	
		名牌产品或商标	30	国家级(30) 省级（15） 地市级(10)	
3 (10%)	社会责任 (150)	节能降耗	50	国家级(50) 省级（25） 市级(5)	
		污染物达标排放	20	达标（20）	
		能耗(kg 标煤/吨合格铸件)	30	铸铁指标 400～500 铸钢指标 500～600 有色指标 600～700 熔模精铸 700～800(10～30)	
		中国铸造行业企业信用等级 评价	30	AAA　30 AA　20 A　10	
		发布社会责任报告	20		
4 (6.7%)	管理与 人力资源 (100)	体系论证	50	质量管理体系(10) 环保管理体系(20) 职业健康安全(20)	
		中级职称以上人员所占比 例(%)	50	≥2～5 (10) ≥5～10 (20) ≥10～15(30) ≥15～20(40) ≥20 (50)	
5 (3.3%)	行业影响 及活动 (50)	同类产品市场占有率	30	每1% 增加1分	
		行业活动	20	参与展览组织、会议等	
合计 (100%			1500		

由此可见，对于厂家和产品的评审是比较全面和严格的。

根据公布的专家评审和统计结果，在这些百强和排头兵铸造企业中，其中，主要从事耐磨铸件产品的厂家见表 6-2。

表 6-2　第二届中国铸造行业耐磨铸件分行业排头兵企业

综合排序	省份	企业名称	行业分类	获奖类型
1	安徽	安徽省凤形耐磨材料股份有限公司	耐磨	百强
2	河北	迁西奥帝爱机械铸造有限公司	耐磨	百强
3	河北	河北海钺耐磨材料科技有限公司	耐磨	百强
4	浙江	浙江武精机器制造有限公司	耐磨	百强
5	浙江	浙江裕融实业有限公司	耐磨	排头兵
6	湖南	湖南红宇耐磨新材料有限公司	耐磨	排头兵
7	江西	江西铜业集团（德兴）铸造有限公司	耐磨	排头兵
8	辽宁	鞍山市东泰耐磨材料有限公司	耐磨	排头兵
9	安徽	宁国市东方碾磨材料有限责任公司	耐磨	排头兵
10	安徽	宁国市开源电力耐磨材料有限公司	耐磨	排头兵
11	安徽	马鞍山市海天重工科技发展有限公司	耐磨	排头兵
12	安徽	安徽省宁国耐磨配件总厂	耐磨	排头兵
13	江苏	常熟市电力耐磨合金铸造有限公司	耐磨	排头兵
14	宁夏	宁夏维尔铸造有限责任公司	耐磨	排头兵

6.3　2012～2013 年度推荐的优选企业和新型耐磨备件产品

　　除了中国铸造协会的评审以外，从耐磨材料行业角度出发，这个领域应包括耐磨铸造、表面堆焊和复合、陶瓷材料等涉及磨损和抗磨技术多个领域。经过我们国家在铸造和耐磨材料行业最有权威和声誉的三个学（协）会，中国机械工程学会磨损失效分析及抗磨技术专业委员会、中国铸造协会耐磨材料与铸件分会和中国建材工业协会耐磨材料与抗磨技术分会组织有关专家评审，确定以下所列的耐磨材料生产企业和产品为 2012～2013 年度推荐的优选企业和新型耐磨备件产品表 6-3。我们的基本评定标准是：

　　（1）企业应有一定的生产规模，在同行业中有一定的影响；

　　（2）企业有较好的生产装备、质量和技术管理系统和环保条件；

　　（3）企业生产的产品具有创新和高性价比的基本特征。

　　高性价比耐磨产品基本评定标准是：

　　（1）创新的材料品种和生产工艺；

　　（2）完善的质量保证系统；

　　（3）能显著提高零件耐磨性和使用寿命；

　　（4）能给用户带来明显的综合经济效益；

（5）能改善环保和人力劳动条件。

评定的期限为二年一次，所以它是动态变化的。

表 6-3 中国铸造协会推荐的 2013 年度耐磨铸件行业百强和排头兵企业

序号	企业名称	行业特征	产品类型	企业特征	设备和工艺特征	备注
1	安徽省凤形耐磨材料股份有限公司	耐磨铸件	高、低铬铸铁磨球、耐磨铸钢	目前生产铸造磨球最大规模生产厂家，有悠久的历史和较好的信誉。全厂职工 1344 人，2012 年总产量为 77347t，销售收入 72425 万元，安徽省高新技术企业，省技术中心，7 个行业标准起草单位之一，发明专利 7 项，中国名牌产品和驰名商标。铸造磨球主要出口商	全部机械化生产金属模覆砂磨球生产线、日本引进真空置换硬化法（VRH）铸钢生产线、潮模砂挤压造型（DISA）生产线	百强企业
2	迁西奥帝爱机械铸造有限公司	耐磨铸件	含碳化物奥铁体球墨铸铁（CADI）磨球和 ADI 耐磨铸件	目前生产 CADI 和 ADI 球铁耐磨铸球生产装备最完善的厂家。2012 年总产量 95890t，销售收入 61643 万元，河北省高新技术企业，获省科技进步奖，发明专利	最早引进美国 ADI 自动化盐浴热处理生产技术和装备，铁模覆砂自动化和半机械化铸球和曲轴生产线以及树脂砂造型生产线	百强企业
3	河北海钺耐磨材料科技有限公司	耐磨铸件	大型轮带、锤头挖沙船链接节、叶片等合金钢耐磨铸件	目前国内能生产 40t 以上大型铸钢件的综合性铸造龙头企业之一。有较完善的大型和高性能的熔炼和造型设备以及严格的质量管理系统	大型电弧炉、LF 精炼炉和 VD 真空精炼炉等熔炼和连铸设备，消失模和水玻璃自硬化造型线	百强企业
4	浙江武精机器制造有限公司	耐磨铸件	高锰钢和合金钢耐磨铸件（齿板、圆锥破等）	浙江省大型铸造企业，市高新技术企业，年产能可达 35000t，主要生产大型圆锥式破碎机定锥、动锥、球磨机衬板、板锤、锤头等耐磨产品	大型熔炼设备、水玻璃和树脂砂造型线	百强企业

序号	企业名称	行业特征	产品类型	企业特征	设备和工艺特征	备注
5	浙江裕融实业有限公司	耐磨铸件	高锰钢和合金钢耐磨铸件（齿板、圆锥破等）	浙江省大型铸造企业，市高新技术企业，市名牌产品和著名商标，2个行业标准起草单位，重点外销铸件出口单位，2012年总产量23266t，销售收入25431万元	具有较完善的大型耐磨铸件生产装备和机加工设备，完善的质量管理系统，较高的产品信誉	排头兵企业
6	湖南红宇耐磨新材料股份有限公司	耐磨铸件	铬钼钨磨球、球磨机台阶式组合衬板	国内首家耐磨铸件行业上市公司。自行开发的球磨机磨球和衬板新材料以及高效球磨节能技术方案可节电30%～40%，产能提高5%～30%，降低消耗50%	金属膜覆砂和挤压造型生产线，空冷连续式热处理生产线。有较强的技术实力和完善的质量管理系统	排头兵企业
7	江西铜业集团（德兴）铸造有限公司	耐磨铸件	高低铬铸铁磨球、耐磨铸件	江西地区最大的耐磨材料生产基地。产能可达4万吨低铬铸铁磨球，锻钢球1万吨。2012年耐磨铸件总产量14570吨，销售收入9273.74万元，省高新技术企业	树脂砂造型线、最早采用V法生产耐磨铸件并成功应用基地，成功制造半自磨机大型衬板	排头兵企业
8	鞍山市东泰耐磨材料有限公司	耐磨铸件	高中低铬铸铁磨球	东北地区铸造磨球主要生产厂家，2012年总产量24440t，销售收入21063万元，省高新技术企业	铁模覆砂磨球生产线、油淬分级等温淬火热处理生产线	排头兵企业
9	宁国市东方碾磨材料有限责任公司	耐磨铸件	高低铬铸铁磨球	宁国地区耐磨铸球主要生产厂家。2012年总产量25965t，销售收入16933万元，净利润率6.43%，省高新技术企业，省技术中心，7个行业标准起草人，省新产品，省质量奖	铁模覆砂磨球生产线、油淬回火热处理生产线	排头兵企业

序号	企业名称	行业特征	产品类型	企业特征	设备和工艺特征	备注
10	宁国市开源电力耐磨材料有限公司	耐磨铸件	高铬铸铁磨球	宁国地区耐磨铸球主要生产厂家。2012年总产量26700t，销售收入17410万元，净利润率6.86%，省高新技术企业，省技术中心，2个行业标准起草人，省名牌产品，省质量奖	铁模覆砂磨球生产线、油淬回火热处理生产线	排头兵企业
11	马鞍山市海天重工科技发展有限公司	耐磨铸件	重型机械耐磨合金钢和高铬铸铁耐磨件	安徽地区耐磨铸件生产基地。2012年总产量9830t，销售收入13462.8万元，利润率15.4%，省高新技术企业，省企业技术中心，省名牌产品、著名商标	应用消失模制造耐磨铸件较成功的生产厂家，产品在国内外有较好信誉	排头兵企业
12	安徽省宁国耐磨配件总厂	耐磨铸件	高低铬铸铁磨球、合金铸钢件	宁国地区耐磨铸球主要生产厂家。2012年总产量13640t，销售收入10212万元，净利润率6.5%，省名牌产品	铁模覆砂磨球生产线、油淬回火热处理生产线	排头兵企业
13	常熟市电力耐磨合金铸造有限公司	耐磨铸件	高锰钢、合金钢、高铬铸铁耐磨件	原电力部耐磨铸件主要生产厂家。2012年总产量10500t，销售收入10236万元，净利润率1.11%	水玻璃和树脂砂造型线，主要为水泥、石油和矿山行业服务	排头兵企业
14	宁夏维尔铸造有限责任公司	耐磨铸件	球墨铸铁叶轮、刮板运输机槽帮等精密耐磨铸钢件	宁夏地区耐磨铸件主要生产厂家。2012年总产量12200t，销售收入11264万元，净利润率17.59%，曾获第十一届国际铸造博览会金奖特别奖	金属型重力铸造、树脂砂造型线	排头兵企业

表 6-4　补充推荐的 2013 年度耐磨材料重点骨干企业

序号	企业名称	行业特征	产品类型	企业特征	设备和工艺特征	备注
1	郑州鼎盛工程机械股份有限公司	耐磨铸件和复合材料	高锰钢和合金钢破碎机耐磨铸件（锤头、圆锥破和复合铸件等）	国内领先的粉碎设备耐磨材料制造厂家，河南省高新技术企业。耐磨铸件年产能可达 20,000t。是国内最早采用堆焊强化、镶嵌硬质合金和陶瓷复合材料的生产厂家。有完善的质量管理系统和国内最大的耐磨材料电子商务平台	炉内吹氩精炼熔炼设备、水玻璃砂造型线、陶瓷和硬质合金材料专用制备基地。完善的质量管理和检测设备	2011年中国耐磨铸件重点骨干企业
2	河北承德荣茂铸钢有限公司	耐磨铸件	奥贝球铁磨球、衬板、齿板、蓖条、复合式高铬合金锤头及各种高锰钢铸件	目前年产量产能可达 5 万吨/年，该公司生产的奥贝球磨球与其他品种磨球相比，承诺使用寿命是普通低铬磨球的 2.5～3 倍，是高铬磨球的 1.3～2.5 倍，可为水泥企业降低磨球的球耗成本 20%～30%。生产的复合锤头有较高的耐磨效果。河北省中小企业名牌产品，曾获 3 项国家专利	拥有较高技术水准的英达感应电炉和自动化随炉孕育和浇注设备，自行研制和开发的分级盐浴热处理生产技术和装备，铁模覆砂双轨式自动化造型生产线，复合锤头壳型铸造专用生产线。目前正准备采用 V 法代替原有水玻璃砂生产耐磨铸件	2011年中国铸造协会千家骨干企业
3	河南驻马店中集华骏铸造有限公司	耐磨铸件	高锰钢和合金钢磨机和立磨衬板、齿板、圆锥破	河南省主要耐磨铸件和汽车零部件生产基地，年产能可达 3 万吨。具有国外引进的最先进的 KW 水平分型汽车零部件生产线和机加工设备	5t 电弧炉和感应炉熔炼设备、V 法和树脂砂生产线、罩式热处理炉	2011年中国耐磨铸件重点骨干企业
4	鞍山华士金属制品有限公司	耐磨铸件	高锰钢和合金钢破碎机耐磨耐热铸件、（锤头、圆锥破和磁性衬板等）	年生产能力达 3 万吨。最大铸件 10t。是东北地区生产高性能耐磨铸件的大型民营企业。由于采用熔炼精炼设备，钢水冶金质量得到保证	10t 电弧炉和 20t 精炼炉，消失模生产磁性衬板，完善的检测设备	2011年中国耐磨铸件重点骨干企业

续表

序号	企业名称	行业特征	产品类型	企业特征	设备和工艺特征	备注
5	宁国诚信耐磨材料有限公司	耐磨铸件	高铬铸铁磨球、磨段和耐磨铸件	宁国地区主要生产磨球、磨段的大型企业，年产4万吨磨球（段）和1万吨耐磨铸件。中国建材企业500强，安徽省名牌企业和著名商标，全国高科技耐磨材料生产研发示范基地，8项发明专利	自动化铁模覆砂和潮模砂挤压造型线和油淬回火热处理生产线	2011年中国耐磨铸件重点骨干企业
6	鞍山矿山耐磨材料有限公司	耐磨铸件	高、低铬铸铁磨段	其迁西和新疆分公司年总生产能力可达7万吨。是国内生产高、低铬铸铁磨段最大的生产基地和行业领先者；获国家发明专利和铸造磨段国家和行业标准起草单位	自行研制和开发的铸峰牌组合式激冷金属型铸段机	
7	云南昆钢耐磨材料科技股份有限公司	耐磨铸件	高、低铬和贝/马球墨铸铁磨球、锻轧钢球和高锰钢及球铁耐磨铸件	云南省耐磨材料生产基地，年产能可达4万吨。新型Mn系列锻钢球在大红山铁矿得到成功应用。有较强的技术实力和市场优势	潮模砂挤压造型线、V法造型线和锻钢球生产线、推杆式热处理生产线	2011年中国耐磨铸件重点骨干企业
8	广西长城矿山机械设备制造有限公司	耐磨铸件	专业生产高锰钢圆锥破碎壁	国内生产圆锥破耐磨铸件质量控制最完善的生产基地。总产能20000t/年。高锰钢冶金质量和夹杂物控制国内领先。国际美卓集团公司专业供应商和合作伙伴	炉底吹氩精炼熔炼设备、专用铁模覆砂造型和热处理设备、计算机模拟铸件设计和完善的质量控制系统	2011年中国耐磨铸件重点骨干企业
9	河北鼎基钢铁铸件有限公司	耐磨铸件	球磨机合金钢和高铬铸铁衬板	国家建筑材料工业标准化委员会产品定点生产企业和水泥集团主要供应商，2项国家标准起草单位，年产能12000t/年。目前由湖南红宇收购和整合	感应炉和油淬淬火回火热处理炉	2011年中国耐磨铸件重点骨干企业
10	河北邯郸天豪铸造有限公司	耐磨铸件	奥贝球铁耐磨铸球	河北地区耐磨铸球主要生产厂家	半机械化铁模覆砂磨球生产线、油淬等温回火热处理生产线	

续表

序号	企业名称	行业特征	产品类型	企业特征	设备和工艺特征	备注
11	宁国新宁模具和机械制造有限公司	耐磨铸件制造设备	模具、铸球和热处理生产线	有较强的金属模覆砂模具和磨球造型线和热处理设备制造能力和经验，安徽省高新技术企业	模具和机械制造加工设备	2011年中国耐磨铸件重点骨干企业
12	宁国志诚模具和机械制造有限公司	耐磨铸件制造设备	模具、铸球和热处理生产线	有较强的金属模覆砂模具和磨球造型线和热处理设备制造能力和经验，安徽省高新技术企业	模具和机械制造加工设备	2011年中国耐磨铸件重点骨干企业
13	杭州金乌模具和机械制造有限公司	耐磨铸件制造设备	模具、铸球和热处理生产线	有较强的金属模覆砂模具设计能力、计算机模拟技术，磨球造型线和热处理设备制造能力	模具和机械制造加工设备	
14	湖南精诚特种陶瓷有限公司	陶瓷制品				
15	贵州至高科技发展有限公司	陶瓷制品				
16	靖江双星耐磨铸造有限公司	耐磨铸件	低合金钢球磨机衬板和其他耐磨件	国内最大的水泥行业球磨机衬板的生产厂家，年生产能力5万吨。衬板的铸造冶金质量较好，有良好的综合性能	感应电炉和热处理生产线，水玻璃砂造型线	
17	天津立鑫晟精细铸造有限公司	耐磨铸件	各种水泥搅拌机高铬铸铁耐磨铸件	天津市高新技术企业、是国内生产工程机械和搅拌机衬板的生产厂家，国外重点供应商	潮模砂振压机、消失模和树脂砂造型线，台式热处理设备	
18	北京嘉克新兴科技有限公司	耐磨堆焊	主导产品为：辊压机辊面耐磨堆焊、立磨磨辊及磨盘堆焊的系列耐磨板新品和焊接设备和焊丝材料，并提供在线、离线堆焊维修服务	是国内最大的耐磨堆焊基地之一和水泥行业的重要合作伙伴，已为国内300多家大中型水泥企业和火电行业企业成功修复、堆焊辊压机挤压辊、立磨磨辊及磨盘并提供焊接设备和材料。16项国家专利，中关村高新技术企业。建材行业和电力耐磨堆焊技术条件行业标准起草和修订单位之一	拥有80套在线堆焊设备，10000m2离线堆焊再制造车间，26支在线堆焊工程队	

200

续表

序号	企业名称	行业特征	产品类型	企业特征	设备和工艺特征	备注
19	郑州机械研究所	耐磨堆焊	主导产品为：专用于辊压机辊面耐磨堆焊、立磨磨辊及磨盘堆焊的ZD系列耐磨堆焊药芯焊丝、辊压机挤压辊立磨磨辊及磨盘衬板新品，并提供在线、离线堆焊维修服务	是国内最大的耐磨堆焊基地之一和水泥行业的重要合作伙伴，市场占有率达70%。已为国内1000多家大中型水泥企业和辊压机制造企业成功修复、堆焊辊压机挤压辊、立磨磨辊及磨盘。荣获国家奖18项，部省级奖148项，拥有18个国家和省部级科技创新服务平台。建材行业耐磨堆焊技术条件行业标准起草单位之一	拥有2500m²的焊接材料生产基地和3500m²的重型堆焊车间和各种离线和在线修复和强化堆焊设备	
20	无锡帝奥应用材料高科技有限公司	耐磨堆焊	特种药芯焊丝和电弧喷涂焊丝和抗磨堆焊技术	中美合资企业。公司有很强的国际贸易商业网络。最新研制的高性能纳米与非晶喷涂材料和耐高温高压耐磨喷涂材料。通过ISO9001标准	特种焊丝自动化制造设备和检测仪器	
21	山东临沂天阔铸造有限公司	耐磨铸件	多元耐磨合金钢和双金属复合锤头	山东省主要耐磨铸件生产厂家。年产能达到2万吨。生产的双金属复合锤头比高锰钢提高2倍。获国家科技进步奖、双金属复合铸造材料及工艺国家发明专利、国家标准起草单位	感应电炉和水玻璃砂造型线	
22	哈尔滨高鑫耐无材料有限公司	耐磨材料及装备	合金钢轧球（段）、耐磨衬板、锤头等	黑龙江省领先的耐磨材料及装备生产企业，研制的轧球生产线（ϕ20~80mm）已在河北山东等地使用	冶炼及机械装备制造车间	

参 考 文 献

[1] 中国水泥网. 2013 水泥行业年度报告[R/OL]，2014，3.

[2] 李伟. 中国铸造耐磨材料产业技术路线图[M]. 北京：机械工业出版社，2013.

[3] 韩继. 中国砂石协会，我国砂石行业装备与耐磨铸件需求发展分析，2011，11.

[4] 谢克平. 高性价比水泥装备动态集锦(2012～2013 版)[M]. 北京：中国建材工业出版社，2012.

[5] 材料耐磨抗蚀及其表面技术编委会. 材料耐磨抗蚀及其表面技术概论[M]. 北京：机械工业出版社，1988.

[6] Jean-pierre Barthrome. Magotteaux presentation world wide version 2008.

[7] Jean-Claude Smitz. The Optmization & Technology of the Grinding Elements in Metallurgical & Building Material Industries, Nov. 2-5, 2007, Naning.

[8] 马敬仲. 铸造技术应用手册(第一卷 铸铁). [M]. 北京：中国电力出版社，2013.

[9] 周平安. 水泥工业耐磨材料和技术的发展.

[10] 陈海生，李恒峰，刘烨. 数字模拟软件在耐磨铸件上的设计实例和工艺分析. 中国铸造协会纳米材料分会二届会议年后报告，2011，12，郑州.

[11] 周平安. 水泥工业耐磨材料与技术手册[M]. 北京：中国建材工业出版社，2007.

[12] 周平安. 纳米变质剂在钢铁耐磨材料中的作用和应用前景. 中国机械工程学会磨损及抗磨技术专业委员会第四届国际耐磨材料交流会报告 2011，4，上海.

[13] 天津万石科技发展有限公司. 万石添加剂的金相对比图. 公司样本.

[14] 刘金海，张会友. CADI 磨球中试与装机试验情况，2011，5.

[15] 周平安. 水基介质分级等温淬火热处理工艺在耐磨铸件中的应用前景. 2013，8，黄山.

[16] 姚永茂. 各种机械化铸球生产线综述. 中国铸造协会耐磨材料分会二届会议年会报告，2011，12，郑州.

[17] 乔峰. 高效率、高质量、低成本、节能半机械化激冷金属型连续铸段机. 一中国铸造协会耐磨材料分会二届会议年会报告，2011，12，郑州.

[18] 卢洪波. 河南鼎盛工程机械有限公司介绍. 中国铸造协会耐磨材料分会二届会议年会报告，2011，12，郑州.

[19] 佳木斯大学耐磨材料及表面技术工程研究中心. 双液双金属耐磨产品，2010，8.

[20] 洛阳致力耐磨材料有限公司. 双液双金属耐磨产品，2010，8.

[21] 关成君. 耐磨钢板. 中国机械工程学会磨损及抗磨技术专业委员会第四届国际耐磨材料交流会报告 2011，4，上海.

[22] 张平. 再制造工程与表面工程、堆焊技术. 2011 中国堆焊及抗磨技术国际研讨会报告，

2011.11，北京.

[23] 刘振英. 水泥工业用耐磨件堆焊通用技术条件. 2011 中国堆焊及抗磨技术国际研讨会报告，2011.11，北京.

[24] 侯隆秋. 耐磨堆焊制造与再制造在水泥和电力行业的典型案例. 2011 中国堆焊及抗磨技术国际研讨会报告，2011.11，北京.

[25] 邵晓克. 帮助水泥企业解决磨损难题实现节能降耗. 中国建材工业协会耐磨材料与抗磨技术分会第二届年会报告，2008，10，无锡.

[26] Magotteaux International S. A.. Composite Wear Component：U. S. Patent，US 2002/0136857 Al. 2002，9，26.

[27] 邢建东. 用于磨损工况的陶瓷颗粒增强金属基表面复合材料. 中国铸造协会耐磨材料分会二届会议年会报告，2011，12，郑州.

[28] 孙玉福. 金属基/ZrO2－Al2O3 蜂窝陶瓷复合材料的制备和研究. 中国铸造协会耐磨材料分会二届会议年会报告，2011，12，郑州.

[29] 刘福星. 电子商务中心耐磨材料制造企业网络营销之道. 中国铸造协会耐磨材料分会二届会议年会报告，2011，12，郑州.

[30] 斯俊. 电子商务如何为耐磨材料企业服务. 中国机械工程学会磨损及抗磨技术专业委员会第四届国际耐磨材料交流会报告，2011，4，上海.

[31] 中国铸造协会耐磨铸件分会，中国耐磨铸件重点骨干企业，2012.

[32] 新型干法水泥实用技术，P679-682.

[33] 邹伟斌. 水泥工业耐磨材料选择应用与防磨. 第六届水泥耐磨材料论文集.

[34] 邓小林. HRM 型立式磨技术现状. 2009，9.

[35] 韩仲琦. 从粉体技术看立磨在水泥工业的应用. 2009，9.

[36] 耐磨材料工程应用与实例，电力工业用立式磨机和中速磨煤机磨辊和磨盘.

[37] 李卫新. 修订的《抗磨白口铸铁件》、《奥氏体锰钢铸件》和《铸造高锰钢金相》国家标准解读.

[38] 叶学贤，刘金海，张会友，李国禄. ADI 和 CADI 在冶金矿山等行业中的应用及发展前景.

[39] 李茂林. 水泥工业耐磨材料与技术应用手册.

[40] 叶升平. V 法铸造耐磨铸件之技术进步，2011. 5.

[41] 邢建东. 金属耐磨材料及发展.

[42] 李茂林. 我国破碎机锤头质量控制及使用经验.

[43] 鲁幼勤. 水泥工业用耐磨材料的选择与应用.

[44] 李茂林. 国内外水泥磨机衬板耐磨材料评述.

[45] 李茂林. 高铬铸球的生产技术及磨球铸造工艺方法.

[46] 姚永茂. 各种机械化铸球生产线综述.

[47] 鲁幼勤. 从工艺与设备角度谈耐磨材料的生产与应用.